国家示范（骨干）高职院校重点建设专业
农业机械应用技术专业优质核心课程系列教材

拖拉机底盘
构造与维修

主　编	王胜山	董作华
副主编	琚东升	
参　编	梁双翔	虞志坚
	陈贵清	闫军朝
主　审	昌茂宏	

机 械 工 业 出 版 社

本书采用项目化形式编写，共分 10 个项目，25 个任务。本书采用当前国内轮式拖拉机典型案例，系统地介绍了轮式拖拉机底盘各部分的组成及功用、典型结构形式、基本理论及参数测定、底盘技术保养及常见故障诊断与排除。

本书可作为高等职业院校农业机械应用技术专业教材，也可作为高、中职农机类相关专业教材，还可作为农机行业岗位培训教材或自学用书。

本书配有电子课件，凡使用本书作为教材的教师可登录机械工业出版社教材服务网 www.cmpedu.com 注册后下载。咨询邮箱：cmpgaozhi@sina.com。咨询电话：010-88379375。

图书在版编目（CIP）数据

拖拉机底盘构造与维修/王胜山，董作华主编. —北京：机械工业出版社，2014.8（2025.2 重印）

国家示范（骨干）高职院校重点建设专业农业机械应用技术专业优质核心课程系列教材

ISBN 978-7-111-46196-8

Ⅰ. 拖…　Ⅱ.①王…②董…　Ⅲ.①拖拉机-底盘-构造-高等职业教育-教材②拖拉机-底盘-车辆修理-高等职业教育-教材　Ⅳ.①S219.032②S219.07

中国版本图书馆 CIP 数据核字（2014）第 053718 号

机械工业出版社（北京市百万庄大街 22 号　邮政编码 100037）
策划编辑：刘良超　责任编辑：刘良超
版式设计：常天培　责任校对：闫玥红
封面设计：陈　沛　责任印制：邰　敏
北京中科印刷有限公司印刷
2025 年 2 月第 1 版第 8 次印刷
184mm×260mm · 9.25 印张 · 210 千字
标准书号：ISBN 978-7-111-46196-8
定价：29.80 元

前 言
Preface

  自 2004 年我国颁布《中华人民共和国农业机械化促进法》，通过实施"农机具购置补贴"政策和"三农"政策以来，农机工业和农业机械化迅猛发展，但农机应用型人才（尤其是高技能人才）相对匮乏，与此同时，培养农机人才所需的农机教材也很少，已严重制约了我国农机工业和农业机械化的发展。本书正是在这种情况下编写的。

  本书在内容选材上既把握了拖拉机知识结构的通用化、系统化和理论化，又注重了实用性；在编写语言组织上，力求简明扼要，以易读的图形加通俗的文字说明，通过机构的工作过程来阐述其复杂的工作原理；在编写结构上，突出了学习和应用的认知规律性，遵循"简单的总体了解→部件的结构与工作原理认知→部件的拆装技能→整机理论→产品保养→故障诊断与排除"，形成了知识能力由分到合、由简单应用到综合应用的框架结构；在编写形式上，采用项目引领、任务驱动的理实一体化教学方法，提高了学生对教学过程的兴趣，适应了现代高职教学改革的要求，因而使得教学不再是纯理论式的灌输，而是与实际岗位工作紧密联系的应用知识和操作技能。

  本书由常州机电职业技术学院王胜山、常州东风农机集团有限公司董作华任主编，江苏常发农业装备股份有限公司琚东升任副主编，具体编写分工为：常州机电职业技术学院闫军朝（项目 1）、常州机电职业技术学院王胜山（项目 2、项目 3、项目 4 和项目 5）、重庆三峡职业学院陈贵清（项目 6）、江苏常发农业装备股份有限公司琚东升（项目 7）、常州东风农机集团有限公司董作华（项目 8）、常州东风农机集团有限公司虞志坚（项目 9）、久保田农业机械（苏州）有限公司梁双翔（项目 10）。

  本书由常州东风农机集团有限公司总工程师昌茂宏主审，他认真、仔细地审阅了全稿，并提出了许多宝贵的修改意见。同时，在本书编写过程中还得到了常州东风农机集团有限公司、江苏常发农业装备股份有限公司和久保田农业机械（苏州）有限公司的大力支持，在此表示感谢。

  由于作者水平有限，时间仓促，书中难免有错误和不当之处，恳请使用本书的师生和广大读者批评指正。

编　者

目 录
Contents

项目1 拖拉机底盘总体结构认知

【项目描述】

通过对拖拉机整机实物观察与实践操作，了解拖拉机总体组成和各总成部件的功能。

【项目目标】

1）能识别并说出拖拉机的类型、总体组成、主要部件名称及其功用。

2）借助说明书，能识别拖拉机外部标志、仪表、操纵件的名称，并能说出其作用。

任务1 拖拉机底盘组成认知

》》任务要求

☞知识目标：

1）了解拖拉机的分类及型号编码。

2）了解拖拉机总体组成及各部分的功用。

3）了解拖拉机底盘组成及各部分的功用。

☞能力目标：

1）能识别拖拉机类型并说出其型号含义。

2）能识别拖拉机底盘各总成部件的位置，并能说出其名称和主要功用。

》》相关知识

一、拖拉机的分类

1. 按用途分类

拖拉机除广泛应用于农业生产外，还应用于工业、林业等其他行业。工业用拖拉机主要用于筑路、矿山、水利、石油和建筑等工程，也可用于农田基本建设。林业用拖拉机专门用于林业集材。农用拖拉机种类及数量最多，按其结构特点及应用条件不同，农业用拖拉机可分为：

（1）普通型拖拉机　普通型拖拉机具有常规结构特点，应用范围广泛，适于一般条件下的各种农田移动作业、固定作业和运输作业等。

（2）园艺型拖拉机　园艺型拖拉机主要用于果园、菜地、茶林、草坪等各项作业，其特点是体积小、底盘低、功率小、机动灵活。

（3）中耕型拖拉机　中耕型拖拉机主要用于中耕作业，也兼用于其他作业，具有较高的地隙和较窄的行走装置，可用于玉米、高粱、棉花等高秆作物的中耕。

（4）特殊用途拖拉机　特殊用途拖拉机适用于在特殊工作环境下作业或指适用于某种特殊需要的拖拉机，如山地拖拉机、沤田拖拉机（船形）、水田拖拉机和葡萄园拖拉机等。

2. 按结构特点分类

拖拉机按结构（主要是行走装置结构）的不同可分为轮式、履带式、手扶式和船形四种。半履带式拖拉机是前两种拖拉机的变型。

（1）轮式拖拉机　轮式拖拉机（图1-1）应用最为广泛，按驱动形式的不同可分为两轮驱动型和四轮驱动型：前者的驱动形式代号用4×2来表示（分别表示车轮总数和驱动轮数），主要用于一般农田作业及运输作业：后者的驱动形式代号用4×4表示，主要用于土质粘重、负荷较大的农田作业及泥道运输作业等，具有较高的牵引效率。

（2）履带式拖拉机　履带式拖拉机（图1-2）主要用于土质黏重、潮湿地块田间作业和农田水利、土方工程及农田基本建设，如东方红-C1302拖拉机。

图1-1　轮式拖拉机

图1-2　履带式拖拉机

（3）手扶式拖拉机　手扶式拖拉机（图1-3）是指只有一根行走轮轴、一个驱动轮或两个驱动轮的轮式拖拉机。在农田作业时操作者多为步行，用手扶持操纵，习惯上称为手扶拖拉机。有些手扶式拖拉机安装有用于支承及辅助转向的尾轮。

（4）船形拖拉机　船形拖拉机（图1-4）主要用于沤田作业，由船式底盘提供支承，靠桨式叶轮驱动。

图1-3　手扶式拖拉机

3. 按功率大小分类

（1）大型拖拉机　大型拖拉机的功率为73.6kW（100hp）以上。

（2）中型拖拉机　中型拖拉机的功率为14.7 ~ 73.6kW（20 ~ 100hp）。

（3）小型拖拉机　小型拖拉机的功率为 14.7kW（20hP）以下。
本书介绍轮式拖拉机。

二、国产拖拉机的型号

国产拖拉机的型号由系列代号、功率、型式
代号、功能代码和区别标志组成，其排列顺序如
图 1-5 所示。

（1）系列代号　系列代号用不多于两个大写
汉语拼音字母表示，用以区别不同系列或不同设
计的机型。如无必要，系列代号可省略。

图 1-4　船形拖拉机

（2）功率　功率用发动机标定功率值的整数表示，单位为 kW（目前多数企业延用 hp
单位）。

| 系列代号 | | 功率 | | 形式代号 | | 功能代码 | | 区别标志 |

图 1-5　国产拖拉机型号系列代号排列顺序

（3）形式代号和功能代码　国产拖拉机形式代号和功能代码见表 1-1。

表 1-1　国产拖拉机形式代号和功能代码

形式代号		功能代码	
代号	结构形式	符号	功能及用途
0	后轮驱动四轮式	G	工业用
1	手扶式（单轴式）	H	高地隙中耕用
2	履带式	J	集材用
3	三轮或并置前轮式	L	营林用
4	四轮驱动式	S	水田用
5	自走底盘式	T	运输用
9	船形	Y	园艺用
		Z	沼泽地用
		—	普通型

（4）区别标志　拖拉机结构经重大改进后，可加注区别标志，用阿拉伯数字表示。例
如：东风-1004，表示东风牌四轮驱动、73.6kW（100hp）的普通型轮式拖拉机。

三、拖拉机的组成及功用

1. 总体组成及功用

如图 1-6 所示，轮式拖拉机主要由发动机（柴油机）、底盘、电气系统、工作装置、安
全防护装置及驾驶室（选装）等组成。因工作装置与底盘关系密切，狭义地讲，也可将工

作装置归于底盘。其中，按功能划分，底盘可分为传动系统、行驶系统、转向系统和制动系统；工作装置又可分为动力输出装置、牵引装置和液压悬挂系统。

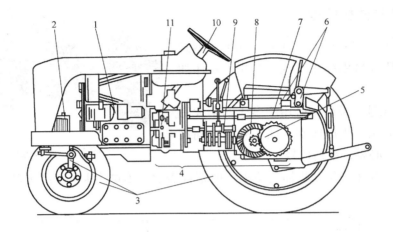

图 1-6 轮式拖拉机的组成（两轮驱动型）

1—发动机 2—电气系统 3—行驶系统 4—传动系统 5—制动系统 6—液压悬挂系统
7—动力输出装置 8—驱动桥 9—变速器 10—转向系统 11—离合器

（1）发动机 发动机是拖拉机的源动力装置，它将燃油燃烧产生的热能转化为机械能，从而产生动力。

（2）底盘 底盘用于支撑整机，将发动机输出的动力转变为驱动拖拉机行驶的驱动力，并保证拖拉机安全、可靠地行驶。

（3）电气系统 包含电器系统和气压装置。电器系统用于提供电能，从而实现发动机的起动、照明、信号等基本功能；对于带有电控装置、空调等舒适系统及其他用电设备的拖拉机，还需完成相应的电控功能。对于带有气压装置的拖拉机，还需完成相应的供气及控制功能。

（4）工作装置 工作装置是在拖拉机中用于挂接和控制配套农机具，并向配套农机具或其他生产设备输出动力的装置的总称。

（5）安全防护装置及驾驶室 安全防护装置是在拖拉机中用于保护驾驶员和周边人员安全的装置，如安全架。随着对驾驶舒适性要求的逐步提高，配备有驾驶室的拖拉机比例越来越大，尤其是大功率拖拉机。

2. 传动系统的组成及功用

如图 1-6 所示，按功能划分，传动系统可分为离合器、变速器和驱动桥（由中央传动、最终传动和驱动轴等组成）；若是四轮驱动型拖拉机，还增加了分动器、传动轴和前驱动桥等部件，如图 1-7 所示。在有些拖拉机中，会将分动器的功能整合在变速器中。

传动系统的功用是：传递、改变和分配由发动机传至驱动轮的转矩，使拖拉机的牵引力和行驶速度在适当的范围内变化；同时，还可通过动力输出轴将发动机的一部分功率输出，以驱动拖拉机所携带的其他农机具。轮式拖拉机传动系统动力传递路线（含动力输出）如图 1-8 所示。

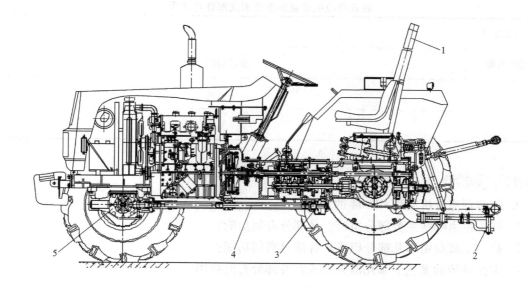

图 1-7　轮式拖拉机的组成（四轮驱动型）
1—安全架　2—牵引装置　3—分动器　4—传动轴　5—前驱动桥

3. 其他系统或装置功用

（1）行驶系统　行驶系统用于支撑拖拉机的全部重量，产生驱动力，并协助转向系统正确转向。

（2）转向系统　转向系统按照驾驶员的意志控制或改变拖拉机的行驶方向。

（3）制动系统　制动系统用于在行驶中减速、紧急停车以及保证拖拉机能够稳定地驻车，还可以通过单边制动的方式协助转向。

（4）动力输出装置　动力输出装置将来自发动机的动力进行减速增矩后传递给动力输出轴，并能控制动力的连接和中断。

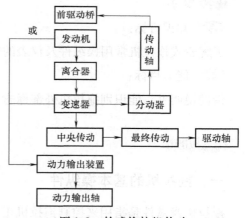

图 1-8　轮式拖拉机传动系统动力传递路线

（5）液压悬挂系统　液压悬挂系统用于连接拖拉机配套农机具，并控制农机具的升降、作业深度和提升高度，还可将液压力输出给所需要的农机具。

≫**任务实施**

1. 仔细观察一辆中型轮式拖拉机，用方框和线条代替主要组成部件，按相对位置关系画出底盘结构简图，并进行标注，要求画到各系统下的主要部件。

2. 按以下样表填写所观察轮式拖拉机底盘的主要组成部件及功能，要求填写到各系统下的主要部件。

轮式拖拉机底盘的主要组成部件及功用

拖拉机型号	
部件名称	部件功能

练习与思考

1. 请解释拖拉机型号 CF804 的含义。
2. 拖拉机由哪些主要部分组成？各部分有何功能？
3. 拖拉机底盘由哪几部分组成？各部分有何功能？
4. 拖拉机传动系统由哪几部分组成？各部分有何功用？

任务2　操纵件及仪表认知

任务要求

☞ 知识目标：

了解轮式拖拉机常用操纵件及仪表的名称和位置。

☞ 能力目标：

借助说明书，能识别拖拉机外部标志、仪表、操纵件，并能说出它们的作用。

相关知识

一、拖拉机的基本操纵件

拖拉机操纵件是指用来控制拖拉机正常行驶、作业和舒适装置的一些杆件（手柄）、踏板、按钮、手轮、旋钮等。根据拖拉机的先进程度和选装的功能，采用操纵件的数量和形式都不相同，甚至差别较大，不同厂家所使用操纵件的名称也不完全一致。本书只列举国内拖拉机常用的基本操纵件。图1-9所示为某拖拉机操纵件及仪表的位置，供参考。

1. 发动机操纵件

（1）脚加速踏板　脚加速踏板用右脚操纵，用以改变发动机的供油量大小，从而改变发动机的转速与输出功率。

（2）手加速操纵杆（手柄）　手加速踏板用手操纵，用以将发动机的供油机构锁定在特定位置，从而改变和控制发动机的转速与输出功率在特定数值。

（3）熄火拉杆　熄火拉杆用于将发动机熄火。

（4）减压手柄　在带有起动减压装置的发动机中，起动时使用减压手柄将排气门强行打开一点，以减小起动阻力。

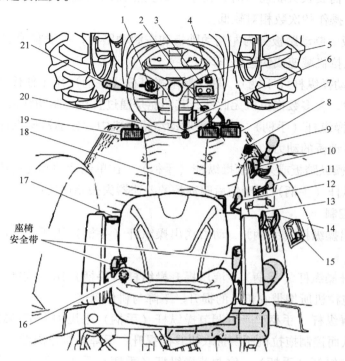

图 1-9 某拖拉机操纵件及仪表的位置

1—组合开关（喇叭按钮、转向灯开关、前照灯开关） 2—起动开关 3—前作业灯开关
4—警告灯开关 5—转向盘 6—驻车制动手柄 7—制动踏板 8—脚加速踏板 9—主变速杆
10—手加速操纵杆 11—远程控制阀操纵杆 12—副变速杆 13—力调节操纵杆 14—位调节操纵杆
15—动力输出离合器操纵杆 16—农机具下降速度调节手轮 17—前驱动操纵杆（分动器操纵杆）
18—差速锁踏板 19—离合器踏板 20—转向盘倾斜角度调节踏板 21—同步变向杆（梭行挡操纵杆）

2. 驾驶操纵件

（1）转向盘　转向盘用于改变行驶方向。

（2）离合器踏板　离合器踏板用于控制离合器的分离与接合。

（3）主离合器踏板　在独立操作型双作用离合器中，主离合器踏板用于控制主离合器（将动力传递给变速器）的分离与接合。

（4）副离合器操纵杆（手柄）　在独立操作型双作用离合器中，副离合器操纵杆（手柄）用于控制副离合器（将动力传递给动力输出装置）的分离与接合。

（5）主变速器操纵杆（手柄）　主变速器操纵杆（手柄）用于在行驶中对主变速器进行换挡，它作为改变行驶速度的主要操纵件而操作频繁。

（6）副变速器操纵杆（手柄）　副变速器操纵杆（手柄）用于在行驶中对副变速器进行换挡，它作为改变行驶速度的次要操纵件，一经选择，操作的次数相对较低。

（7）梭行挡操纵杆（手柄）　梭行挡操纵杆（手柄）用于对梭行装置（一般为选装件）进行换挡，以控制拖拉机的前行与倒驶，若无此选装，则倒驶时用变速器操纵杆（手柄）进行控制。

（8）爬行挡操纵杆（手柄）　爬行挡操纵杆（手柄）用于对爬行装置（一般为选装

件）进行换挡，在需要很大驱动力时，在主、副变速器的基础上，再次降低拖拉机的行驶速度，一经选择，操作的次数相对较低。

（9）制动踏板 制动踏板分为左制动踏板和右制动踏板，一般联锁在一起，同时操纵，用于使行驶中的拖拉机减速或快速停车。

（10）驻车制动操纵杆（手柄） 驻车制动操纵杆（手柄）用于使停止后的拖拉机安全地保持在原地不动，大多数拖拉机无此件，其功能是通过直接将制动踏板压下后锁止实现。

（11）分动器操纵杆（手柄） 在四轮驱动型拖拉机中，分动器操纵杆（手柄）用于接合和断开通向前驱动桥的动力。

（12）差速锁操纵踏板或差速锁操纵杆（手柄） 在单侧后驱动轮打滑时，差速锁操纵踏板或差速锁操纵杆（手柄）用于使后驱动桥的差速器失去差速功用。

3. 工作装置控制

（1）动力输出操纵杆（手柄） 动力输出操纵杆（手柄）用于控制动力输出轴的动力接合和输出转速。

（2）液压提升操纵杆（手柄） 液压提升操纵杆（手柄）用于控制悬挂杆件的提升与下降，从而控制拖拉机所携带农机具的提升、下降与耕作深度。

（3）力调节操纵杆（手柄） 力调节操纵杆（手柄）采用力调节形式来控制悬挂杆件的提升与下降，从而控制拖拉机所携带农机具的提升、下降与耕作深度。

（4）位调节操纵杆（手柄） 位调节操纵杆（手柄）采用位调节形式来控制悬挂杆件的提升与下降，从而控制拖拉机所携带农机具的提升、下降与耕作深度。

（5）农机具下降速度调节手轮 农机具下降速度调节手轮通过调节液压阀来控制悬挂杆件的下降速度，从而控制拖拉机所携带农机具的下降速度。

4. 电气操纵件

（1）起动开关 起动开关的功用：用于打开电源，给电气设备供电；起动前给带有预热装置的发动机预热；给起动机供电，起动发动机。

（2）喇叭按钮 喇叭按钮用于给喇叭通电，使其轰鸣，警示拖拉机周围人员。

（3）前照灯开关 前照灯开关用于使前照灯通电，照亮行驶前方的路面。

（4）转向灯开关 转向灯开关用于给转向灯通电，发出转向灯闪烁信号。

（5）工作灯开关 工作灯开关用于给工作灯通电，为其他工作提供照明。

（6）警告灯开关 警告灯开关用于给警告灯通电，用灯光警示说明该拖拉机有故障发生，请勿靠近。

二、拖拉机的基本仪表

拖拉机的先进程度和选装的功能不同，不同厂家拖拉机的仪表装置也不同。本书只列举国内拖拉机常用的基本仪表。图1-10所示为某拖拉机的组合仪表，供参考。

（1）发动机转速表 发动机转速表用于指示发动机实时工作转速。

（2）燃油指示表 燃油指示表用于指示燃油油位高度，表明燃油箱内的燃油余量。

（3）冷却液温度指示 冷却液温度指示用于指示发动机冷却液的实时温度，表明发动机的工作温度情况。

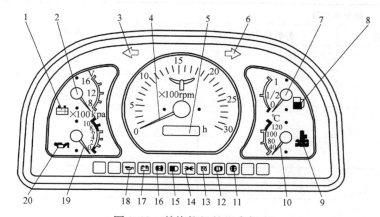

图 1-10 某拖拉机的组合仪表

1—蓄电池充电指示符号 2—蓄电池充电电压表 3—左转向指示 4—发动机转速表
5—拖拉机行驶里程表 6—右转向指示 7—燃油量表 8—燃油量指示符号
9—冷却液温度指示符号 10—冷却液温度表 11—空气滤清器报警指示灯
12—气压报警指示灯 13—发动机预热指示灯 14—示廓灯指示灯 15—前照灯远光指示灯
16—驻车制动指示灯 17—蓄电池充电指示灯 18—发动机机油压力指示灯
19—发动机机油压力表 20—发动机机油压力指示符号

（4）发动机机油压力表 发动机机油压力表用于指示发动机机油压力，表明发动机的润滑情况。

（5）蓄电池充电指示 蓄电池充电指示用于指示蓄电池和发电机的工作状况。

（6）转向指示 转向指示在转向灯开关打开时发亮，指示转向方向，并表明转向灯线路工作情况。

（7）警告灯指示 警告灯指示在警告灯开关打开时发亮，表明警告信号已发出，间接说明警告灯线路的工作情况。

（8）前照灯指示 前照灯指示在前照灯开关打开时发亮，表明前照灯已打开，间接说明前照灯线路的工作情况。

（9）制动指示 制动指示在驾驶员踩下制动踏板时发亮，表明已踩下制动踏板，间接说明制动灯线路的工作情况。

>> **任务实施**

1. 仔细观察一辆中型轮式拖拉机，填写以下的拖拉机操纵件观察记录表。

拖拉机操纵件观察记录表

拖拉机型号		
人体操纵部位	操纵件名称	操纵件功能
左脚		

（续）

拖拉机型号		
人体操纵部位	操纵件名称	操纵件功能
右脚		
左手		
右手		
左、右手		

2. 仔细观察一辆中型轮式拖拉机，填写以下的拖拉机仪表观察记录表。

拖拉机仪表观察记录表

拖拉机型号		
仪表符号（画出）	仪表名称	仪表功能

》》练习与思考

1. 请将书中所列的拖拉机基本操纵件按拖拉机组成系统分类。

2. 请将书中所列的拖拉机基本仪表按服务的拖拉机组成系统（非电器系统）分类。

3. 请查找资料，打印出拖拉机基本操纵件的相关标志符号，并作标注。

项目2　离合器压盘总成认知与拆装

【项目描述】

针对三种典型形式的离合器工作部件（单作用离合器、联动操纵双作用离合器、独立操纵双作用离合器），分成三个任务，进行离合器压盘总成认知与拆装、工作原理及工作过程分析。

【项目目标】

1）能对单作用螺旋弹簧离合器、联动操纵双作用离合器、独立操纵双作用离合器进行正确的拆装与调整。

2）能对离合器的工作过程进行分析。

任务1　单作用离合器压盘总成认知与拆装

任务要求

☞ 知识目标：

1）了解离合器的功用、基本组成、分类及基本工作原理。

2）掌握单作用离合器的组成及工作原理。

☞ 能力目标：

1）能对单作用螺旋弹簧离合器进行正确的拆装与调整。

2）能对单作用离合器的工作过程进行分析。

相关知识

一、离合器的功用及组成

1. 功用

离合器安装在发动机之后、变速器之前，其基本功能是传递和切断动力。目前，在拖拉机传动系统中广泛采用的是摩擦式离合器，具体功能如下：

1）将动力由发动机传至变速器。

2）保证发动机起动和拖拉机起步平稳。发动机起动时是靠蓄电池供能，由起动机驱动，动力较小，因此不能带负荷起动，同时，拖拉机起步时也不能直接将发动机的动力刚性地传递到驱动轮，否则会使发动机在怠速状态下突然承受很大外力而熄火。为此，应先踩下离合器踏板使离合器分离（解除发动机负荷），然后起动发动机，待正常怠速运转后，再将变速器挂上低速挡，并逐渐踩下加速踏板使发动机输出的动力增加，同时缓慢放松离合器踏板使离合器逐渐接合，传递的动力逐渐增加，拖拉机逐渐加速，从而达到平稳起步的目的。

3）保证拖拉机行驶中换挡平顺或临时停车。在拖拉机行驶过程中，为了适应行驶条件的不断变化，变速器经常需要换用不同的挡位工作。换挡时，如果发动机与变速器之间的动力不暂时切断，则原挡位的换挡啮合件因压力过大而很难脱开，新挡位的换挡啮合件因两者圆周速度不等而难以进入啮合，或者即使能进入啮合，也会产生很大的冲击和噪声而损坏机件。安装离合器后，换挡前，先使离合器分离，然后进行换挡操作。

4）防止传动系统过载。拖拉机紧急制动时，车轮急剧减速，若发动机与传动系统刚性连接，则将使发动机转速也急剧下降，其所有运动件将产生很大的惯性力矩（数值可能远大于发动机正常工作时所输出的最大转矩），这一力矩作用于传动系统，会造成传动系统过载而使其机件损坏。安装离合器后，当传动系统承受载荷超过离合器所能传递的最大转矩时，离合器即会自动打滑以消除这一危险，从而起到过载保护作用。

5）双作用离合器还起到传递或切断输出动力的作用。

2. 组成

拖拉机一般采用干式摩擦离合器，通过物体间的摩擦传递动力。如图 2-1 所示，干式摩擦离合器主要由主动部分（飞轮 8 和压盘 6）、从动部分（从动盘 7）、压紧机构（压紧弹簧 9）、分离机构（分离杠杆 5）和操纵机构（离合器踏板 1、拉杆 2、分离叉 3、分离轴承 4、分离轴承回位弹簧 10 和离合器踏板回位弹簧 11）等组成。

3. 干式摩擦离合器的分类

拖拉机用干式摩擦离合器按压紧弹簧形式的不同分为螺旋弹簧离合器和膜片弹簧离合器；按离合器功能的不同分为单作用离合器和双作用离合器，单作用离合器只能将来自发动机飞轮的动

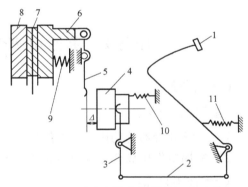

图 2-1 干式摩擦离合器的组成示意
1—离合器踏板 2—拉杆 3—分离叉 4—分离轴承
5—分离杠杆 6—压盘 7—从动盘 8—飞轮
9—压紧弹簧 10—分离轴承回位弹簧
11—离合器踏板回位弹簧 △—自由间隙

力通过一根轴输出，而双作用离合器则有两根轴输出，分别将动力传递给变速器和动力输出装置。

双作用离合器根据操纵方式的不同可分为联动操纵式和独立操纵式：联动操纵式只有一套操纵机构和分离机构；独立操纵式则有两套操纵机构和分离机构，分别用于控制主、副离合器的分离与接合。

4. 影响摩擦离合器动力传递大小的因素

摩擦离合器所能传递的最大转矩（静摩擦力矩）取决于摩擦面间的最大压紧力、摩擦面的尺寸大小、摩擦面的数量、摩擦材料的性质（摩擦系数）。对于结构一定的离合器来说，静摩擦力矩是一个定值。当输入转矩达到此值时，则离合器开始打滑，从而限制传动系

统所受转矩，防止超载。

5. 对摩擦离合器的基本性能要求

1）具有合适的转矩储备能力。摩擦离合器在保证能传递发动机输出最大转矩而不打滑的同时，又能防止传动系统过载。即能可靠地传递发动机的最大转矩。

2）分离迅速、彻底，接合平顺、柔和，确保换挡和起步平稳，避免发生抖动和冲击。

3）散热良好，将滑转时产生的热量及时散出，防止摩擦热衰退，保证离合器可靠工作。

4）从动部分的转动惯量要尽可能小，以减小换挡时齿轮的冲击。

5）高速旋转时具有可靠的强度，应注意动平衡，以减小离心力的影响。

6）具有吸收振动、冲击和降低噪声的能力。

7）操纵轻便，以减轻驾驶员的劳动强度。

> ⚠ 注意：
>
> 　离合器应与发动机的曲轴飞轮组一起作动平衡，以防因不平衡而给支承轴或轴承造成附加惯性力。

二、单作用螺旋弹簧离合器压盘总成

1. 结构

如图 2-2 所示，单作用螺旋弹簧离合器压盘总成主要由从动盘 2、压盘 3、螺旋弹簧 4、离合器盖 5 和分离机构件 8～13 组成。压盘与离合器盖之间均匀地安装有多个螺旋弹簧，并通过分离机构件相互连接，再由螺栓 14 紧固在飞轮 1 上，压盘 3 可在分离杠杆 8 的带动下相对于离合器盖 5 轴向运动。从动盘 2 靠其盘毂上的内花键套装在变速器输入轴 7 上（又称为第一轴），同时被紧压在飞轮 1 和压盘 3 之间，通过两侧面的摩擦将来自离合器主动部分（由飞轮 1、离合器盖 5 和压盘 3 组成）的力传递给变速器输入轴 7。

2. 工作原理

（1）接合状态　当单作用螺旋弹簧离合器进入接合状态时，即正常传递动力时，螺旋弹簧 4 将压盘 3、飞轮 1 和从动盘 2 相互压紧，从而通过相互摩擦面间的摩擦力将发动机的动力传递至从动盘 2，再经花键连接传递给变速器输入轴 7。

（2）分离状态　当单作用螺旋弹簧离合器进入分离状态时，踩下离合器踏板，通过操纵机构，最终由分离轴承 6 推动分离杠杆 8 绕浮动销 12 转

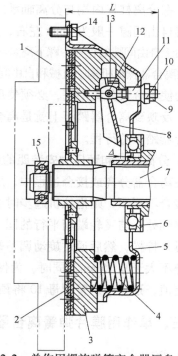

图 2-2　单作用螺旋弹簧离合器压盘总成
1—飞轮　2—从动盘　3—压盘　4—螺旋弹簧
5—离合器盖　6—分离轴承　7—变速器输入轴
8—分离杠杆　9—锁紧螺母　10—调整螺母
11—支承柱　12—浮动销　13—摆动支片
14—螺栓　15—轴承　Δ—自由间隙
L—预压力安装距

动，分离杠杆 8 内端向飞轮 1 方向移动，外端则背离飞轮 1，并通过摆动支片 13 使压盘 3 克服螺旋弹簧力背离飞轮 1 移动，解除对从动盘 2 的压紧力，使摩擦力消失，从而中断动力传递。

（3）接合过程　控制离合器踏板的回位速度，保证离合器接合平顺，使压盘在螺旋弹簧力的作用下逐渐将从动盘压紧在飞轮上，随压力的增加，所能传递的动力也相应增加。在不完全接合时，主、从动件转速不同步，处于打滑状态，直至完全松开离合器踏板，离合器才完全接合，此时主、从动件转速一致，动力正常传递。

3. 自由间隙和离合器踏板行程

由于摩擦作用，从动盘上的摩擦片经使用后会磨损变薄。由离合器的工作原理可知，在压紧弹簧的作用下，压盘要向飞轮方向移动，分离杠杆内端则相应地要背离飞轮，这样才能保证离合器完全接合。初始装配时，如果分离杠杆内端和分离轴承之间没有预留一定的间隙 Δ（见图 2-2），则在摩擦片磨损后，分离杠杆内端因抵住分离轴承而不能后移，使分离杠杆外端牵制压盘不能前移，从而不能将从动盘压紧，离合器难以完全接合，传动时会出现打滑现象。这不仅会降低离合器所能传递的最大转矩，还会加速摩擦片和分离轴承的磨损。

因此，为保证摩擦片在正常磨损范围内离合器仍能完全接合，在离合器处于正常接合状态时，在分离杠杆内端与分离轴承之间必须预留一定的间隙，该间隙称为离合器自由间隙。离合器自由间隙一般为 2mm 左右，具体由厂家设定。

由于自由间隙的存在，踩下离合器踏板时，首先要消除这一间隙，然后才能开始分离离合器。为消除离合器操纵机构中机械和自由间隙所需的离合器踏板行程，称为离合器踏板自由行程。

为使离合器分离彻底，必须使压盘向后移动足够的距离，这一距离通过一系列杠杆比的放大，反映到离合器踏板上就是离合器踏板工作行程。离合器踏板自由行程和工作行程之和即离合器踏板总行程。

4. 分离杠杆和预压力安装距的调整

在离合器分离或接合过程中，压盘应沿轴线作平行移动，否则会使离合器分离不彻底，如果接合不平顺，则拖拉机起步时会发生抖动现象。为此，应将所有分离杠杆内端的工作端面调整到处于与飞轮端面平行的同一平面内。分离杠杆和预压力安装距的调整步骤：先将锁紧螺母 9 拧松，然后通过旋动调整螺母 10 进行调整，一般要求分离杠杆 8 内端工作端面的高度差不大于 0.25mm；同时，为保证螺旋弹簧 4 有适当的压紧力，使离合器所传递的转矩在设定值，还需用调整螺母 10 将预压力安装距 L 调整至规定值。

三、单作用膜片弹簧离合器压盘总成

1. 结构

如图 2-3 所示，单作用膜片弹簧离合器压盘总成主要由飞轮 1、离合器盖 2、压盘 4、分离钩 7、膜片弹簧 5、固定铆钉 8 和从动盘 6 组成。相对于螺旋弹簧离合器，膜片弹簧离合器少了复杂的分离机构。膜片弹簧不仅起到了压紧装置的作用，同时它的内端兼起分离杠杆的作用；中部通过固定铆钉 8 连接在离合器盖 2 上，固定铆钉 8 兼起旋转支点的作用；外端通过分离钩 7 与压盘 4 相连，可带动压盘 4 相对于离合器盖 2 轴向运动。

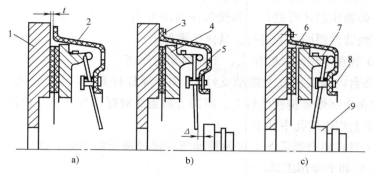

图2-3 单作用膜片弹簧离合器压盘总成的组成及工作原理示意图
a）安装前（接合）位置 b）安装后（接合）位置 c）分离位置
1—飞轮 2—离合器盖 3—螺栓 4—压盘 5—膜片弹簧
6—从动盘 7—分离钩 8—固定铆钉 9—分离轴承 Δ—自由间隙

2. 工作原理

如图2-3a所示，此时离合器盖2与飞轮1之间有一定的距离t，t即膜片弹簧的压缩量，t越大，装合后的压紧力就越大，则传递的动力也就越大。t的大小决定了离合器能传递的动力大小。如图2-3b所示，当离合器盖2用螺栓3固定到飞轮1上时，由于离合器盖2靠向飞轮1，消除距离t后，离合器盖2通过固定铆钉8压膜片弹簧5使其产生弹性变形，此时膜片弹簧5的外圆周对压盘4产生压紧力而使离合器处于接合状态。如图2-3c所示，当踩下离合器踏板时，分离轴承9被推向飞轮1方向，使膜片弹簧5压在固定铆钉8上，并以此为支点产生反向锥形变形，膜片弹簧5的外圆周向后翘起，通过分离钩7拉动压盘4背离飞轮1，使离合器分离。

因膜片弹簧是一个整体件，其内端兼起分离杠杆的作用，整个装配精度由零件制造精度保证，因此无分离杠杆和安装距调整。

>> **任务实施**

一、单作用螺旋弹簧离合器压盘总成分解

单作用螺旋弹簧离合器压盘总成分解参照图2-2进行，具体步骤如下：

1）按对角线原则分多次旋下6个螺栓，将压盘总成与飞轮分离，因内部有弹簧力，需均匀拆卸。

2）如图2-4所示，用专用工具将图2-2中压盘3和离合器盖5相互压紧，使调整螺母10不再与离合器盖5接触，卸掉弹簧力。

3）拆下锁紧螺母9和调整螺母10，将压盘总成全部分解，对组成零件进行分类并放入零件盒。

二、单作用螺旋弹簧离合器压盘总成组装

单作用螺旋弹簧离合器压盘总成的组装是指将压盘、弹簧、离合器盖及分离机构组装在一起，且必须将弹簧压缩才可进行。弹簧加压需用专用工具（见图2-4）。单作用螺旋弹簧离合器压盘总成组装参照图2-2进行，具体步骤如下：

1）将压盘3放在专用工具底座上，工作面朝向底座。

2）在压盘凸台内侧依次放上摆动支片13和分离杠杆8，穿入浮动销12及支承柱11。把螺旋弹簧4放在十字形弹簧座凸台上，将离合器盖5对好位置并放在弹簧上，使3个支承柱11从离合器盖上相应的孔中穿出。

3）用专用工具在离合器盖5上对弹簧加压，将弹簧压缩10mm以上，此时，逐一拧上调整螺母10，然后卸下专用工具。

4）如图2-5所示，用专用离合器中心对准检验棒（上有与从动盘内花键相配的外花键）穿入压盘总成，并定位于飞轮上的轴承孔内，按对角线原则分多次拧紧6个螺栓，将压盘总成与飞轮安装在一起。

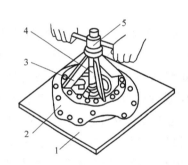

图2-4 用专用工具拆装压盘总成
1—底座 2—压盘总成
3—压架 4—螺杆 5—旋转螺母

图2-5 压盘总成与飞轮组装
1—离合器中心对准检验棒
2—压盘总成

注意：

①不要将从动盘2装反；②要对准压盘总成与飞轮间的圆周装配标记，以保持原有的动平衡。

5）转动调整螺母10，按要求调整分离杠杆8和预压力安装距L，调整完毕后，旋上并拧紧锁紧螺母9，拧紧锁止调整螺母10。

练习与思考

1. 离合器有何功用？

2. 简述单作用膜片弹簧离合器的工作原理。

3. 何谓自由间隙？自由间隙过大或过小对离合器的正常工作有何影响？

4. 何谓离合器踏板自由行程？

5. 单作用螺旋弹簧离合器压盘总成需要进行哪些调整？

6. 如果图2-2所示的单作用螺旋弹簧离合器压盘总成有两个相邻的螺旋弹簧4（总共有8个）弹力急剧变小，会造成什么后果？

任务 2　联动操纵双作用离合器压盘总成认知与拆装

>>> **任务要求**

☞知识目标：

掌握联动操纵双作用离合器压盘总成的组成及工作原理。

☞能力目标：

1）能对联动操纵双作用离合器压盘总成进行正确的拆装与调整。

2）能对联动操纵双作用离合器压盘总成的工作过程进行分析。

>>> **相关知识**

一、联动操纵双作用离合器压盘总成的组成及工作原理

1. 结构

联动操纵双作用离合器压盘总成通过螺栓 28（见图 2-6）将离合器盖 13 和中间固定压盘 4 串在一起，并固定在飞轮 21（见图 2-7）上。中间固定压盘 4 将整个总成分成前、后两个部分：前部为副离合器，主要由副从动盘 1、副压盘 2 和副膜片弹簧 3 组成，用于将动力传递给动力输出装置；后部分为主离合器，主要由主从动盘 5、主压盘 6 和主膜片弹簧 14 组成，用于将动力传递给变速器的第一轴（输入轴）。主、副离合器共用一套操纵和分离机构，其中分离杠杆 15 通过分离杠杆销轴 12 安装在离合器盖 13 上。分离杠杆 15 通过主分离拉杆 7 直接操纵主离合器，通过主压盘 6 和副分离拉杆 20 间接操纵副离合器。因此，主离合器先分离，副离合器后分离，接合时则相反。

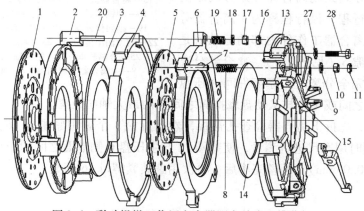

图 2-6　联动操纵双作用离合器压盘总成三维分解
27—垫圈　28—螺栓
注：其余标注同图 2-7

2. 工作原理

当图 2-7 所示的离合器分离时，分离杠杆 15 绕装于离合器盖 13 上的分离杠杆销轴 12

顺时针转动，内端左移、外端右移，并通过主分离拉杆 7 带动主压盘 6 克服主膜片弹簧 14 的弹力右移，从而解除对主从动盘 5 的压紧力，使主离合器分离，传向变速器的动力被切断。随着主压盘 6 的继续右移，主离合器分离行程 S 将逐渐减小，当变为零时，继续踩下离合器踏板，则此时主压盘 6 将通过副分离拉杆 20 带动副压盘 2 克服副膜片弹簧 3 的弹力右移，从而解除对副从动盘 1 的压紧力，使副离合器分离，传向动力输出装置的动力被切断。

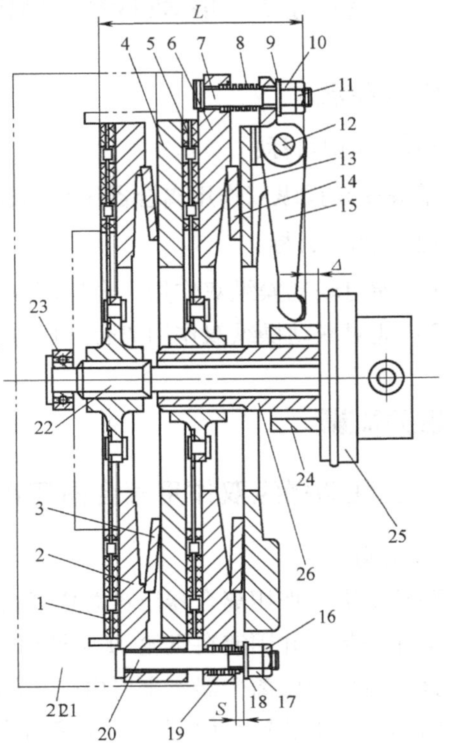

二、联动操纵双作用离合器压盘总成的调整

1. 分离杠杆和预压力安装距的调整

联动操纵双作用离合器压盘总成的调整方法与单作用螺旋弹簧离合器的基本相同。图 2-7 所示的联动操纵双作用离合器压盘总成分离杠杆和预压力安装距的调整方法，先将主锁紧螺母 11 拧松，然后通过旋动主调整螺母 10 对分离杠杆进行调整；同时，为保证离合器所传递的转矩在设定值，还需用主调整螺母 10 将预压力安装距 L 调整至规定值。

2. 主离合器分离行程及分离间隙调整

从主离合器分离到副离合器开始分离之前应有适当的踏板行程，该行程称为主离合器分离行程，反映到离合器工作件内部的运动就是主离合器分离间隙 S（见图 2-7）。离合器分离间隙是指离合器完全分离时，摩擦件间（压盘与从动盘摩擦面之间或飞轮与从动盘摩擦面之间）的最大轴向距离。

图 2-7　联动操纵双作用离合器压盘总成的组成
1—副从动盘　2—副压盘　3—副膜片弹簧
4—中间固定压盘　5—主从动盘　6—主压盘
7—主分离拉杆　8—主回位弹簧　9—垫圈
10—主调整螺母　11—主锁紧螺母　12—分离杠杆销轴
13—离合器盖　14—主膜片弹簧　15—分离杠杆
16—副锁紧螺母　17—副调整螺母　18—垫圈
19—副回位弹簧　20—副分离拉杆　21—飞轮
22—动力输出传动轴　23—轴承　24—第一轴承座
25—分离轴承　26—第一轴　Δ—自由间隙
S—主离合器分离间隙　L—预压力安装距

在机调整时，先拆下离合器检查孔盖板，然后旋松 3 个副锁紧螺母 16，再转动 3 个副调整螺母 17，同时用塞尺进行测量，使垫圈 18 与主压盘 6 侧端面之间的距离为规定值（参考值为 1.3mm ± 0.05mm），调整完毕后，再次用副锁紧螺母 16 锁紧。

>> **任务实施**

一、联动操纵双作用离合器压盘总成分解

联动操纵双作用离合器压盘总成分解参照图 2-6 和图 2-7 进行，具体步骤如下：
1）按对角线原则分多次旋下螺栓 28，将压盘总成与飞轮分离，因内部有弹簧弹力，故

需均匀拆卸。

2）用专用工具将压盘和离合器盖13相互压紧，卸掉弹簧弹力。

3）拆下主锁紧螺母11和主调整螺母10；拆下副锁紧螺母16和副调整螺母17；将压盘总成整体分解，对组成零件进行分类并放入零件盒。

4）拆下分离杠杆销轴12，从离合器盖13上取下分离杠杆15。

二、联动操纵双作用离合器压盘总成组装

联动操纵双作用离合器压盘总成组装参照图2-6和图2-7进行，具体步骤如下：

1）将分离杠杆15放入离合器盖13上的安装座内，对正销孔，装入分离杠杆销轴12。

2）将副分离拉杆20穿入副压盘2的安装孔中，工作面朝向专用工具（螺杆上带有与主从动盘5内花键相配的外花键，底座上带有将副压盘2定心的凹槽或凸台，以使摩擦件间同轴线，能完成后续的安装工作）底座放正，并依次放上副膜片弹簧3、中间固定压盘4、主从动盘5（不要装反）、主压盘6（将主分离拉杆7穿入其安装孔中）、主膜片弹簧14和主回位弹簧8、离合器盖13。

 注意：

相应凸耳与槽口的对位不要搞错。

3）用专用工具在离合器盖13上对弹簧加压，压缩10mm以上，此时，逐一装上副回位弹簧19、垫圈18和副调整螺母17，逐一装上垫圈9和主调整螺母10，然后卸下专用工具。

4）将专用离合器中心对准检验棒穿入压盘总成，并定位于飞轮上轴承孔内，按对角线原则分多次拧紧螺栓，将压盘总成与飞轮安装在一起。

 注意：

①不要将副从动盘1装反；②要对准压盘总成与飞轮间的圆周装配标记，以保持原有的动平衡。

5）转动主调整螺母10，按要求调整分离杠杆和预压力安装距L，调整完毕后，旋上主锁紧螺母11并拧紧，将调整螺母10锁止；转动副调整螺母17，按要求调整主离合器分离间隙S，调整完毕后，旋上副锁紧螺母16并拧紧，将副调整螺母17锁止。

≫≫ 练习与思考

1. 何谓联动操纵双作用离合器？

2. 请说出图2-7所示联动操纵双作用离合器的动力传递路线。

3. 联动操纵双作用离合器压盘总成需要进行哪些调整？

4. 如果图2-7所示的联动操纵双作用离合器的主从动盘5和副从动盘1扭曲变形，会造成什么后果？

任务3 独立操纵双作用离合器压盘总成认知与拆装

☞ **任务要求**

☞知识目标：

掌握独立操纵双作用离合器压盘总成的组成及工作原理。

☞能力目标：

1）能对独立操纵双作用离合器压盘总成进行正确的拆装与调整。

2）能对独立操纵双作用离合器压盘总成的工作过程进行分析。

☞ **相关知识**

一、独立操纵双作用离合器压盘总成的组成及工作原理

如图2-8所示，独立操纵双作用离合器压盘总成主要由副从动盘17、副压盘18、膜片

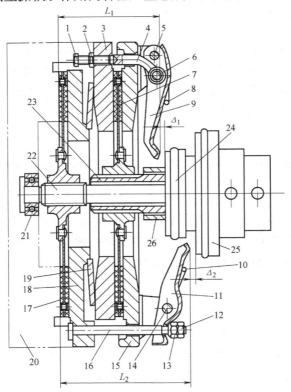

图2-8　独立操纵双作用离合器压盘总成的组成

1—主分离调整螺栓　2—主锁紧螺母　3—主压盘　4—主分离推杆　5—主分离杠杆销轴　6—主分离推杆销轴
7—主从动盘　8—主回位弹簧　9—主分离杠杆　10—副回位弹簧　11—副分离杠杆　12—副锁紧螺母
13—副调整螺母　14—副分离杠杆销轴　15—离合器盖　16—副分离拉杆　17—副从动盘　18—副压盘　19—膜片弹簧
20—飞轮　21—轴承　22—动力输出传动轴　23—第一轴　24—主分离轴承　25—副分离轴承　26—第一轴轴承座
Δ_1—主离合器自由间隙　Δ_2—副离合器自由间隙　L_1—主离合器预压力安装距　L_2—副离合器预压力安装距

弹簧 19、主压盘 3、主从动盘 7、离合器盖 15 及装在其上的两套分离杠杆组件组成，主、副离合器共用 1 个膜片弹簧 19 压紧。除离合器盖 15 与飞轮 20 通过螺栓固定外，其余零件均可相对于飞轮移动。主从动盘 7 将动力传递给变速器第一轴（输入轴）23，副从动盘 17 将动力传递给动力输出装置。

当图 2-8 所示的独立操纵双作用离合器压盘总成中主离合器分离时，主分离杠杆 9 绕安装于离合器盖 15 上的主分离杠杆销轴 5 顺时针旋转，将动力通过其中部的主分离推杆销轴 6 传递给主分离推杆 4，然后通过主分离调整螺栓 1 带动主压盘 3 克服膜片弹簧 19 的压紧力左移，解除对主从动盘 7 的压紧力，主离合器分离。副离合器分离时，副分离杠杆 11 绕安装于离合器盖 15 上的副分离杠杆销轴 14 逆时针旋转，其外端通过副分离拉杆 16 带动副压盘 18 克服膜片弹簧 19 的压紧力右移，解除对副从动盘 17 的压紧力，副离合器分离。

二、独立操纵双作用离合器压盘总成的调整

1. 主分离杠杆和主离合器预压力安装距的调整

图 2-8 所示的主分离杠杆和主离合器预压力安装距进行调整时，先将主锁紧螺母 2 拧松，然后旋动主分离调整螺栓 1，通过主分离推杆 4 和主分离推杆销轴 6 带动主分离杠杆 9 绕主分离杠杆销轴 5 转动，使主分离杠杆 9 内端沿飞轮轴线方向产生位移，并用高度尺进行测量，使主离合器预压力安装距 L_1 符合规定值，同时保证分离杠杆内端面的装配平面度符合要求。调整完毕后，需将主锁紧螺母 2 再次拧紧。

2. 副分离杠杆和副离合器预压力安装距的调整

图 2-8 所示的副分离杠杆和副离合器预压力安装距进行调整时，先将副锁紧螺母 12 拧松，然后旋动副调整螺母 13，向副分离杠杆 11 外端施压，使副分离杠杆 11 绕副分离杠杆销轴 14 转动，使主分离杠杆 9 内端沿飞轮轴线方向产生位移，并用高度尺进行测量，使副离合器预压力安装距 L_2 符合规定值，同时保证副分离杠杆内端面的装配平面度要求。调整完毕后，需将副锁紧螺母 12 再次拧紧。

> (!) 注意：
>
> 应先调整副分离杠杆和副离合器预压力安装距，再调整主分离杠杆和主离合器预压力安装距。

≫ 任务实施

一、独立操纵双作用离合器压盘总成分解

独立操纵双作用离合器压盘总成分解参照图 2-8 进行，具体步骤如下：

1）按对角线原则分多次旋下离合器盖 15 与飞轮 20 的联接螺栓，将压盘总成与飞轮 20 分离，因内部有弹簧弹力，故需均匀拆卸。

2）用专用工具将压盘和离合器盖 15 相互压紧，卸掉弹簧弹力。

3）拆下副锁紧螺母 12 和副调整螺母 13，取下副回位弹簧 10，然后卸下专用工具，将

已拆下的零件分类放入零件盒。

4）旋松主锁紧螺母 2，从主压盘 3 上取下主分离调整螺栓 1。

5）拆下副分离杠杆销轴 14，从离合器盖 15 上取下副分离杠杆 11。

6）取下主回位弹簧 8，拆下主分离杠杆销轴 5，从离合器盖 15 上取下主分离杠杆 9（包含主分离推杆 4 和主分离杠杆销轴 5）。

7）拆下主分离杠杆销轴 5，将主分离杠杆 9 和主分离推杆 4 分离。

二、独立操纵双作用离合器压盘总成组装

独立操纵双作用离合器压盘总成组装参照图 2-8 进行，具体步骤如下：

1）将主分离杠杆 9 和主分离推杆 4 的安装孔对正，装上主分离杠杆销轴 5。

2）将主分离推杆 4 插入离合器盖 15 的导向孔中，对正主分离杠杆 9 和离合器盖 15 间的安装孔，然后装上分离杠杆销轴 5。

3）将副分离杠杆 11 放入离合器盖 15 上的安装座中，对正销孔，装入副分离杠杆销轴 14。

4）将主分离调整螺栓 1 装入主压盘 3 中。

5）将副分离拉杆 16 装入副压盘 18 中，工作面朝向专用工具底座放正，依次放上膜片弹簧 19、主压盘 3、主从动盘 7 和离合器盖 15。

6）装上副回位弹簧 10 和主回位弹簧 8。

7）用专用工具在离合器盖 15 上对弹簧加压，压缩 10mm 以上，装上副调整螺母 13，然后卸下专用工具。

8）用专用离合器中心对准检验棒穿入压盘总成，并定位于飞轮上轴承孔内，按对角线原则分多次拧紧安装螺栓，将压盘总成与飞轮 20 安装在一起。

> **注意：**
>
> ①不要将副从动盘 17 装反；②要对准压盘总成与飞轮 20 间的圆周装配标记，以保持原有的动平衡。

9）转动副调整螺母 13，按要求调整副分离杠杆 11 和副离合器预压力安装距 L_2，调整完毕后，旋上副锁紧螺母 12 并拧紧，将副调整螺母 13 锁止。

10）转动主分离调整螺栓 1，按要求调整主分离杠杆 9 和主离合器预压力安装距 L_1，调整完毕后，拧紧主锁紧螺母 2，将主分离调整螺栓 1 锁止。

练习与思考

1. 何谓独立操纵双作用离合器？

2. 请说出图 2-8 所示的独立操纵双作用离合器的动力传递路线。

3. 独立操纵双作用离合器压盘总成需要进行哪些调整？

4. 如果图 2-8 所示的独立操纵双作用离合器的主从动盘 7 扭曲变形，会造成什么后果？

5. 请设计一个独立操纵双作用离合器压盘总成结构，用结构简图表示。

项目3　变速器认知与拆装

【项目描述】

通过拆装变速器，进行传动简图绘制和挡位分析，对变速器典型组成进行认知，对其工作原理进行分析和理解。

【项目目标】

1）借助使用说明书及零件图册，能正确拆装与本项目案例类似的变速器。

2）能对本项目所涉及的变速器结构进行传动简图绘制和挡位分析。

任务1　变速器操纵机构认知与拆装

任务要求

☞知识目标：

1）掌握变速器的基本工作原理和常用术语。

2）掌握变速器操纵机构的一般组成。

3）掌握本任务所涉及变速器操纵机构的组成。

☞能力目标：

在使用说明书和零件图册的指导下，能正确拆装与本任务案例类似的变速器操纵机构。

相关知识

一、变速器的功用与组成

1. 变速器的功用

拖拉机采用柴油发动机作为动力源，其转矩和转速变化范围较小，而在复杂的工作条件下，则要求拖拉机的牵引力和行驶速度能在相当大的范围内变化。为解决这一矛盾，在传动系统中设置了变速器。变速器的功用如下：

（1）改变传动比　变速器通过改变传动比，实现拖拉机变速行驶，扩大驱动轮转矩和转速的变化范围，以适应经常变化的工作条件，如起步、加速、上坡或配套不同的农机具（如犁、旋耕机、播种机等），同时使发动机在动力性和燃油经济性比较有利的工况下工作。

（2）实现倒驶　变速器利用倒挡，在发动机运转方向不变的前提下，使拖拉机能倒退行驶。

（3）中断动力　变速器利用空挡中断动力传递，以使发动机能够起动、怠速并便于变速器换挡或进行动力传递。

（4）传递动力　将来自发动机的动力传递给动力输出装置。

2. 组成

如图 3-1 所示，变速器主要由变速器壳体 31、前轴承盖 30、变速操纵机构（变速杆 1、3 挡–4 挡拨叉 3、1 挡–2 挡拨叉轴 4 等零件）和变速传动机构（轴、齿轮、轴承、轴用挡圈 11、止动环 26、啮合套、啮合套座 19、隔套 2、衬套 14 和锁紧圆螺母 27 等零件）等组成。

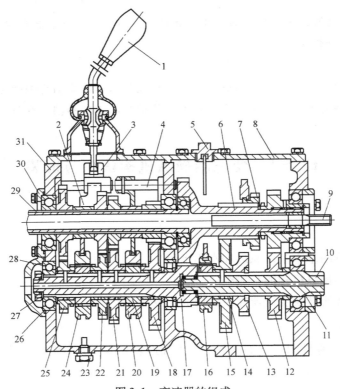

图 3-1　变速器的组成

1—变速杆　2—隔套　3—3 挡–4 挡拨叉　4—1 挡–2 挡拨叉轴　5—量油尺
6—副变速中间齿轮轴　7—中–倒挡齿轮　8—变速器盖　9—动力输出传动轴
10—输出轴　11—轴用挡圈　12—中挡从动齿轮　13—倒挡从动齿轮　14—衬套
15—低速挡从动齿轮　16—高速挡–低速挡啮合套　17—第二轴　18—1 挡从动齿轮
19—啮合套座　20—1 挡–2 挡啮合套　21—2 挡从动齿轮　22—3 挡从动齿轮
23—放油螺塞　24—3 挡–4 挡啮合套　25—4 挡从动齿轮　26—止动环
27—锁紧圆螺母　28—深沟球轴承　29—第一轴　30—前轴承盖　31—变速器壳体

二、变速器的基本工作原理

1. 变速原理

由齿轮传动原理可知，一对齿数不同的齿轮在进行啮合传动时可以变速、变矩，如图 3-2 所示。主动齿轮转速与从动齿轮转速之比称为传动比，用 i_{12} 表示，即

$$i_{12} = n_1/n_2 = z_2/z_1$$

式中　n_1、z_1——主动齿轮的转速和齿数；

　　　n_2、z_2——从动齿轮的转速和齿数。

当 $n_2 < n_1$，即 $i > 1$ 时，称为减速传动。

当 $n_2 > n_1$，即 $i < 1$ 时，称为加速传动。

如果传动无效率损失，则传动比还可以表示为

$$i_{12} = n_1/n_2 = M_2/M_1$$

式中　M_1——主动齿轮的转矩；

　　　M_2——从动齿轮的转矩。

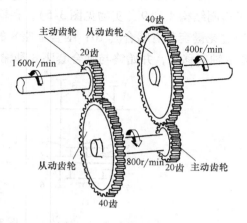

图 3-2　变速器变速原理

由上式可知，降速则增矩，增速则降矩，齿轮式变速器在改变转速的同时也改变了输出转矩，传动比既是变速比，也是变矩比。拖拉机变速器就是利用这一原理，通过改变各挡传动比来改变转速，从而改变其输出转矩，以适应拖拉机工作条件的变化。

2. 换挡原理

（1）滑移齿轮换挡　如图 3-3 所示，滑移双联齿轮 4 内含两个齿轮（低速挡主动齿轮 2 和高速挡主动齿轮 3），它们通过花键安装在输入轴 1 上，可轴向移动；与滑移双联齿轮配对相啮合的低速挡从动齿轮 5 和高速挡从动齿轮 6 则固定安装在输出轴 7 上。

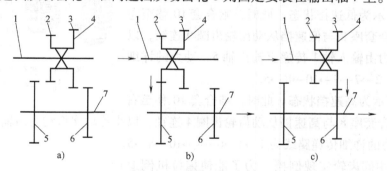

图 3-3　滑移齿轮换挡
a）空挡状态　b）低速挡状态　c）高速挡状态
1—输入轴　2—低速挡主动齿轮　3—高速挡主动齿轮
4—滑移双联齿轮　5—低速挡从动齿轮　6—高速挡从动齿轮　7—输出轴

图 3-3a 所示为空挡状态。此时，滑移双联齿轮 4 处于中间位置，不与任何齿轮啮合，动力不能从输入轴 1 传递至输出轴 7。

图 3-3b 所示为低速挡状态。此时，滑移双联齿轮 4 移至左边位置，低速挡主动齿轮 2 与低速挡从动齿轮 5 啮合，以大传动比将动力由输入轴 1 传递至输出轴 7。

图 3-3c 所示为高速挡状态。此时，滑移双联齿轮 4 移至右边位置，高速挡主动齿轮 3 与高速挡从动齿轮 6 啮合，以小传动比将动力由输入轴 1 传递至输出轴 7。

（2）啮合套换挡　如图 3-4 所示，配对相啮合的低速挡齿轮 2 和 7、高速挡齿轮 3 和 6 处于常啮合状态，但由于高速挡从动齿轮 6 和低速挡从动齿轮 7 是空套在输出轴 5 上，因

此，在空挡状态并不能将动力由输入轴 1 传递至输出轴 5。为了换挡，在齿轮 6 和 7 上设计了齿圈结构 4 和 9（实物见图 3-5），在输出轴 5 上固定有啮合套座 8，在啮合套座 8 的外面通过花键套装有啮合套 10；啮合套座 8 的外圈花键齿与齿圈相同，啮合套 10 可在啮合套座 8 上轴向移动，并始终与啮合套座 8 和输出轴 5 同步转动。

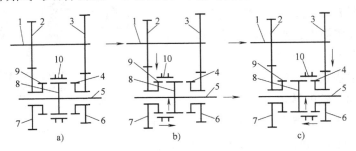

图 3-4　啮合套换挡
a）空挡状态　b）低速挡状态　c）高速挡状态
1—输入轴　2—低速挡主动齿轮　3—高速挡主动齿轮
4—高速挡从动齿轮齿圈　5—输出轴　6—高速挡从动齿轮
7—低速挡从动齿轮　8—啮合套座　9—低速挡从动齿轮齿圈　10—啮合套

图 3-4a 所示为空挡状态。此时，啮合套 10 处于中间位置，不与任何齿圈啮合，动力不能从输入轴 1 传递至输出轴 5。

图 3-4b 所示为低速挡状态。此时，啮合套 10 移至左边位置，将啮合套座 8 与低速挡从动齿轮齿圈 9 连锁，以大传动比将动力由输入轴 1 传递至输出轴 5，动力的详细传递路线为 1→2→7→9→10→8→5。

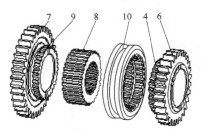

图 3-5　啮合套换挡实物
注：图注同图 3-4

图 3-4c 所示为高速挡状态。此时，啮合套 10 移至右边位置，将啮合套座 8 与高速挡从动齿轮齿圈 4 连锁，以小传动比将动力由输入轴 1 传递至输出轴 5，动力的详细传递路线为 1→3→6→4→10→8→5。

（3）加装中间齿轮实现倒挡　为了能使拖拉机倒退行驶，变速器中必须设置有倒挡。如图 3-6 所示，倒挡的实现是在齿轮传动线路中加装 1 个倒挡中间齿轮，只改变输出齿轮（输出轴）的旋转方向，而不改变传动比。

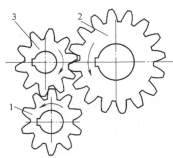

图 3-6　倒挡原理
1—倒挡主动齿轮　2—倒挡齿轮
3—倒挡中间齿轮

三、变速操纵机构

变速操纵机构应保证驾驶员能准确、可靠地使变速杆挂入所需要的任一挡位工作，并能随时使其退到空挡。

图 3-7 所示为典型的直接操纵式变速操纵机构，主要由变速杆 18、拨叉轴 9 和 14、拨叉 8 和 10、拨头 15、变速杆座 4 和变速安全装置（互锁销 6、自锁钢球 11 和自锁弹簧 12 等）等组成。换挡时，驾驶员通过操纵变速杆 18，可使其下端左、右移动至不同拨叉轴的拨头槽中，然后前、后推动变

速杆，通过拨头带动拨叉轴及与其固连的拨叉随之前、后移动，并最终通过拨叉带动换挡啮合套或换挡齿轮前、后移动，使不同的齿轮与轴固定或啮合，从而达到换挡的目的。

　　图 3-8 所示的侧边操纵式变速操纵机构是将变速杆移至侧边，因此相对于直接操纵机构增加了侧操纵盖 1、侧操纵下盖 4、外操纵拨头 7、主变速操纵传递杆 8、弹簧 9 和内操纵拨头 10 等零件。操纵杆 2 下端的球头嵌入外操纵拨头 7 的球槽中，外操纵拨头 7 和内操纵拨头 10 通过弹性销与主变速操纵传递杆 8 固连，主变速操纵传递杆 8 安装在侧操纵盖 1 的安装孔中。操纵时，动力由操纵杆 2→外操纵拨头 7→主变速操纵传递杆 8→内操纵拨头 10→拨叉轴上的拨头，从而实现换挡。

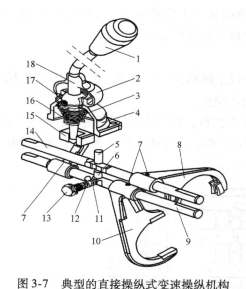

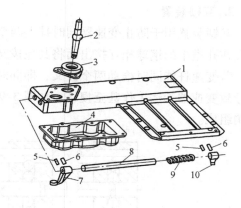

图 3-7　典型的直接操纵式变速操纵机构
1—变速手柄　2—防尘罩　3—变速杆弹簧
4—变速杆座　5—锁销　6—互锁销
7—弹性圆柱销　8—中速挡–倒挡拨叉
9—高速挡–低速挡拨叉轴
10—高速挡 – 低速挡拨叉　11—自锁钢球
12—自锁弹簧　13—自锁螺钉　14—中速挡–倒挡拨叉轴
15—高速挡–低速挡拨头　16—变速杆弹簧挡座
17—限位螺钉　18—变速杆

图 3-8　侧边操纵式变速操纵机构
1—侧操纵盖　2—操纵杆　3—变速杆支座
4—侧操纵下盖　5、6—弹性销
7—外操纵拨头　8—主变速操纵传递杆
9—弹簧　10—内操纵拨头

　　图 3-9 所示为变速器自锁和互锁装置，是变速操纵机构的重要组成部分。

1. 自锁装置

　　自锁装置用于防止变速器自动脱挡，并保证齿轮（或接合齿圈）以全齿宽啮合，一般通过弹簧钢球将拨叉轴与壳体锁止。

　　挂挡过程中，当操纵变速杆推动拨叉前移或后移的距离不足时，齿轮将不能在全齿宽上啮合而影响齿轮的使用寿命。即使达到全齿宽啮合，也可能由于振动等原因，导致齿轮产生轴向移动而减少了齿的啮合长度，甚至完全脱

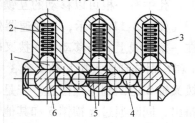

图 3-9　变速器自锁和互锁装置
1—自锁钢球　2—自锁弹簧
3—变速器壳体　4—互锁钢球
5—互锁销　6—拨叉轴

离啮合。

如图 3-9 和图 3-10 所示，自锁装置由
自锁钢球和自锁弹簧组成。每根拨叉轴的
上表面沿轴向分布三个凹槽。当任意一根
拨叉轴连同拨叉轴向移动到空挡或某一工
作位置时，必有一个凹槽正好对准自锁钢
球。于是，钢球在弹簧的压力下嵌入该凹
槽内，拨叉轴的轴向位置即被固定，从而

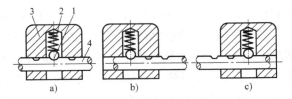

图 3-10 自锁装置工作原理示意
a）空挡 b）1 挡 c）2 挡
1—自锁钢球 2—自锁弹簧 3—变速器壳体 4—拨叉轴

使拨叉连同滑动齿轮（或啮合套）也被固定在空挡或某一工作挡位置，不能自行脱出。换
挡时，由驾驶员施加外力将钢球由拨叉轴的凹槽中挤出并推回孔内。

2. 互锁装置

互锁装置用于防止变速器同时挂上两个或两个以上的挡位，一般通过拨叉轴移动换挡时
将装在孔道中的钢球相互挤出而将其他拨叉轴与壳体锁止。

若变速杆能同时推动两个拨叉，即同时挂入两个挡位，则必将造成齿轮间的机械干涉，
会导致变速器无法工作甚至损坏。如图 3-9 和图 3-11 所示，互锁装置主要由互锁钢球和互
锁销组成。

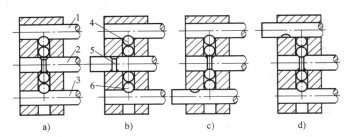

图 3-11 互锁装置工作原理示意
a）空挡 b）拨叉轴 2 在挡 c）拨叉轴 3 在挡 d）拨叉轴 1 在挡
1、2、3—拨叉轴 4、6—互锁钢球 5—互锁销

如图 3-11 所示，每根拨叉轴在朝向互锁钢球的侧表面上均制出一个等深度的凹槽，任
一拨叉轴处于空挡位置时，其侧面凹槽都正好对准互锁钢球 4 和 6。两个互锁钢球直径之和
等于相邻两轴之间的距离加上一个凹槽的深度。中间拨叉轴上的两个侧面凹槽之间有孔相
通，孔中有一根可以移动的互锁销 5，销的长度等于拨叉直径减去一个凹槽的深度。

如图 3-11a 所示，当变速器处于空挡位置时，所有拨叉轴的侧面凹槽同钢球和互锁销都
在一条直线上。当移动中间拨叉轴 2 时，其两内侧钢球从侧面凹槽中被挤出，而两外侧钢球
4 和 6 则分别嵌入拨叉轴 1 和 3 中，刚性地锁止在空挡位置。如欲移动拨叉轴 3，则应先将
拨叉轴 2 退回到空挡位置。于是，在移动拨叉轴 3 时，互锁钢球 6 便从拨叉轴 3 的凹槽中被
挤出，同时通过互锁销 5 和其他钢球将拨叉轴 2 和 1 均锁止在空挡位置。同理，当移动拨叉
轴 1 时，拨叉轴 2 和 3 被锁止在空挡位置。

3. 离合器连锁机构

离合器连锁机构用于保证离合器不分离不能换挡，一般通过杆件及锁销（或钢球）将

拨叉轴与壳体锁止。如图 3-12 所示，离合器连锁机构主要由推杆 3、连锁轴 4、连锁轴臂 5、锁销 6 和弹簧 9 组成，其工作原理类似互锁装置。当离合器踏板不踩下时，连锁轴 4 上的凹槽 10 不与锁销 6 对齐，将锁销 6 挤压进拨叉轴 7 的凹槽中，使拨叉轴 7 不能移动，从而无法挂挡。只有踩下离合器踏板，通过推杆 3 和连锁轴臂 5 使连锁轴 4 旋转至其上的凹槽 10 与锁销 6 对齐，才能给锁销 6 提供轴向移动的位置，脱离拨叉轴 7 上的凹槽，允许拨叉轴 7 轴向移动挂挡。

≫ 任务实施

图 3-13 对应的是图 3-1 所示变速器的变速操纵机构，请参照图 3-13 完成拆装任务。

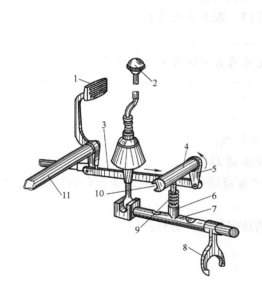

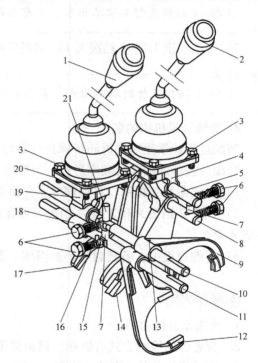

图 3-12　离合器连锁机构
1—离合器踏板　2—变速杆　3—推杆
4—连锁轴　5—连锁轴臂
6—锁销　7—拨叉轴　8—拨叉
9—弹簧　10—凹槽　11—踏板轴

图 3-13　变速操纵机构三维装配图
1—副变速杆组件　2—主变速杆组件　3—螺栓
4—3 挡-4 挡拨头　5—3 挡-4 挡拨叉轴
6—自锁螺钉　7—互锁销　8—1 挡-2 挡拨叉轴
9—中速挡-倒挡拨叉　10—中速挡-倒挡拨叉轴
11—高速挡-低速挡拨叉轴　12—高速挡-低速挡拨叉
13—弹性圆柱销　14—1 挡-2 挡拨叉
15—自锁钢球　16—自锁弹簧　17—3 挡-4 挡拨叉
18—高速挡-低速挡拨头　19—中速挡、倒挡拨头
20—变速杆座垫片　21—锁销

1. 变速操纵机构的拆卸

1）拆去螺栓 3，将主、副变速杆组件 2 和 1 整体取下。

2）拆去变速器盖，取下锁销 21。

3）拆去 4 个自锁螺钉 6（含垫片），用带有磁性的捡拾器从变速器壳体中取出 4 个自锁弹簧 16 和 4 个自锁钢球 15。

4）冲出固定中速挡-倒挡拨叉 9 和中速挡-倒挡拨头 19 的弹性圆柱销 13，取下中速挡-倒挡拨头、中速挡-倒挡拨叉和中速挡-倒挡拨叉轴 10 后，用捡拾器取出互锁销 7。

5）冲出固定高速挡-低速挡拨叉 12 和高速挡-低速挡拨头 18 的弹性圆柱销 13，取下高速挡-低速挡拨头 18、高速挡-低速挡拨叉和高速挡-低速挡拨叉轴 11。

6）冲出固定 3 挡-4 挡拨头 4 和 3 挡-4 挡拨叉 17 的弹性圆柱销 13，取下 3 挡-4 挡拨头 4 和 3 挡-4 挡拨叉轴 5 后，用捡拾器取出互锁销 7。

⚠ 注意：
　　3 挡-4 挡拨叉暂时取不出来，只有在拆掉变速器第一轴后才能取出。

7）冲出固定 1 挡-2 挡拨叉 14 的弹性圆柱销 13，取下拨叉轴 8。

⚠ 注意：
　　1 挡-2 挡拨叉暂时取不出来，只有在拆掉变速器第一轴后才能取出。

2. 变速操纵机构的装配

装配过程让学生对照拆卸步骤自行编写。

装配可按拆卸的相反顺序进行，但要注意以下几点：

1）不要漏装互锁销、自锁钢球、自锁弹簧和锁销 21。

2）1 挡-2 挡拨叉和 3 挡-4 挡拨叉要在装配变速器第一轴之前放入啮合套的环槽内，且位置不要装错。

3）拆卸过程中，若密封纸垫被损坏，则应清洁安装面并更换新件。

>> 练习与思考

1. 变速器有何功用？

2. 变速器的换挡方式有哪些？请画图说明。

3. 变速操纵机构中的安全装置有哪些？各有何作用？

4. 如果图 3-13 所示的变速操纵机构在装配过程中忘装高、低速挡互锁销，会造成什么后果？

任务 2　变速器变速机构认知与拆装

>> 任务要求

☞知识目标：

1）掌握变速器变速机构中的常用专业术语。

2）掌握变速器变速机构的一般组成。

3）掌握本任务中典型变速器变速机构的组成。

☞能力目标：

能正确拆装本任务案例中的变速器变速机构。

>>> **相关知识**

变速器变速机构的主要功能是通过齿轮将动力由输入轴（第一轴）传递至输出轴（第二轴），并能实现变速和倒挡，同时支撑穿过其中的动力输出传动轴。

一、变速机构挡位介绍及组成分析

1. 变速器挡位介绍

变速器的挡位数一般是指前进挡位的数目，如4速变速器表示有4个前进挡位。为了得到更多的挡位，可采用串联组合式变速器，将变速器分为主、副变速器两部分或更多级，上一级的输出轴就成了下一级的输入轴，这样，变速器的挡位总数就等于各级挡位数的乘积。如，主变速有4个挡位，副变速有3个挡位，则整个变速器的总挡位数为4×3＝12。变速器的挡位数表示方法：主变速挡位数×副变速挡位数×三级变速挡位数（如果有）＋倒挡挡位数。

2. 组成分析

图3-14所示为某变速器变速机构，有主、副两级变速，其中副变速采用了行星齿轮机构。换挡装置均采用啮合套形式，但为了使轴向结构紧凑，零件26（1挡–3挡啮合套）和零件49（2挡–倒挡啮合套）兼起传动齿轮的作用，即零件26是第二轴倒挡齿轮，零件49是中间轴3挡齿轮，其实也可以说是传动齿轮兼起啮合套的作用，这种结构在变速器中经常使用。

采用啮合套换挡，其两侧齿轮一般均通过衬套空套在轴上。衬套的作用是减小摩擦和磨损，如图3-14中的零件20（4挡从动齿轮轴套）和零件47（中间轴2挡齿轮轴套），因轴上一般均有花键，不光滑。如果将零件19（4挡–5挡啮合套）向左拨动，则第一轴14和第二轴17将直接相连，动力不通过中间轴53上的齿轮而直接传递，因有传动比的改变，故起到了变速作用。这种两轴直接相连而进行变速的挡位称为直接挡，直接挡的传动比为1。

变速器前端与离合器连接，因干式离合器中不能有油污，故在轴颈处和端盖处必须密封良好，如图3-14中的O形圈4、油封5和8结构，装配时注意不要损坏密封件，必要时静止接合面需涂密封胶。为有良好的润滑，有些零件加工有润滑油道或油孔，装配前应清洁干净，防止有杂质或异物堵塞，如图3-14中4挡从动齿轮21上的径向油孔。

轴及轴上零件的定位一般采用台阶、挡圈和螺母，并通过零件间的相互阻挡而最终被两端的轴承座或盖板压固在变速器壳体上。因零件尺寸存在误差，为保证装配位置和适当的配合间隙，有时需要加调整件进行调整，如图3-14中的调整圈11和调整垫片32。

两相邻的零件如果有相对转动，为防止磨损，一般在这两个零件间加有防磨件（防磨件硬度较相邻件的低，以保护工作零件，若损坏或变薄超差，应予以更换），如图3-14中的

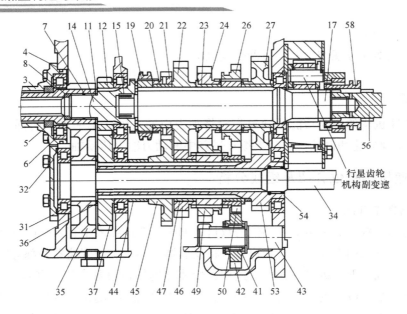

图 3-14　某变速器变速机构

注：图注和三维分解图见图 3-15～图 3-17

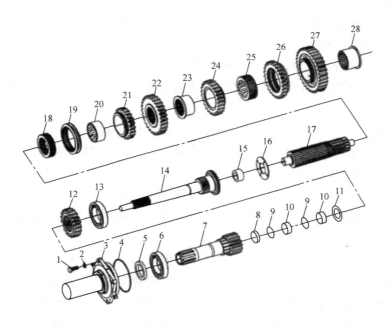

图 3-15　变速机构输入轴和输出轴组件三维分解图

1—螺栓 M10×25　2—弹簧垫圈 10　3—第一轴承座　4—O 形圈　5—油封 B45×62×8

6—轴承 NJ211E　7—动力轴主动齿轮　8—油封 B30×40×7　9—挡圈　10—滚针轴承 K354017

11—调整圈　12—常啮合主动齿轮　13—轴承 NUP211E　14—第一轴　15—滚针轴承 NA5905

16—间隙调整圈　17—第二轴　18—4 挡-5 挡啮合套座　19—4 挡-5 挡啮合套　20—4 挡从动齿轮轴套

21—4 挡从动齿轮　22—2 挡从动齿轮　23—3 挡从动齿轮轴套　24—3 挡从动齿轮

25—1 挡-3 挡齿轮合套座　26—1 挡-3 挡啮合套　27—1 挡从动齿轮　28—1 挡从动齿轮轴套

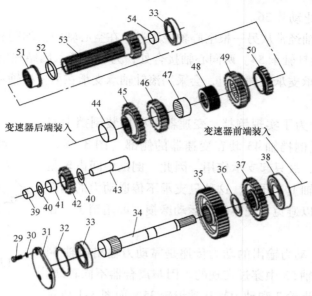

图 3-16 变速机构中间轴和动力输出前轴三维分解图

29—螺栓 M10×25 30—弹簧垫圈 10 31—动力轴承盖 32—调整垫片
33—轴承 NJ211E 34—动力输出前轴 35—动力轴从动齿轮 36—动力输出中间轴间止动片
37—常啮合从动齿轮 38—轴承 6211 39—倒挡轴隔套 40—倒挡齿轮止动圈
41—滚针轴承 NA6905 42—倒挡中间齿轮 43—倒挡轴 44—隔套
45—中间轴 4 挡齿轮 46—中间轴 2 挡齿轮 47—中间轴 2 挡齿轮轴套
48—倒挡啮合套座 49—2 挡-倒挡啮合套 50—倒挡主动齿轮
51—倒挡主动齿轮轴套 52—短隔套 53—中间轴 54—滚针轴承 HK3524

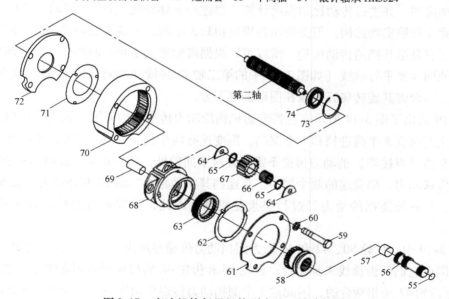

图 3-17 变速机构行星机构副变速三维分解图

55—挡圈 42 56—传动齿轮轴 57—滚针轴承 HK2020 58—高速挡-低速挡换挡套 59—螺栓 M12×80
60—弹簧垫圈 12 61—行星架后垫片 62—行星架后垫片 63—行星架换挡齿圈 64—行星轮止动片
65—行星轮滚针隔圈 66—圆头滚针 3.5×29.8 67—行星轮 68—行星架 69—行星轮轴
70—齿圈 71—行星架前垫片 72—齿圈垫板 73—止动环 100/106.5 74—圆柱滚子轴承 NUP211EN

动力输出轴中间轴间止动片36。

变速器中，一根轴经常从另一根空心轴中穿过，在空心轴中会加铜套或滚针轴承进行支承，如图3-14中的滚针轴承54。两同心轴接合处，为了支承，因结构空间所限，不能直接通过球轴承或滚柱轴承支承在壳体上，会采用滚针轴承支承在另一根轴端部的内孔中，如图3-14中的滚针轴承15。

如图3-14所示，为了实现倒挡，变速器中要加装倒挡中间齿轮42，一般均通过倒挡轴43装在变速器的侧部（图3-18）。倒挡轴因不传递动力，故只起支承作用，因此，倒挡中间齿轮是通过轴承安装在倒挡轴上，同时，这种只支承不传递动力的轴都有防止转动的结构，以避免与壳体间的运动磨损，如用销子、在端部加挡板。

如图3-14所示，动力输出的动力传递是靠动力输出前轴34从变速器下部的中间轴53中穿过实现的，因与离合器不同轴线，故加装了动力轴主动齿轮7和动力轴从动齿轮35，而图3-1所示的变速器是靠动力输出传动轴9从变速器上部直接穿过。

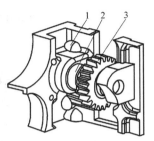

图3-18　倒挡中间
齿轮安装位置
1—变速器壳体
2—倒挡轴
3—倒挡中间齿轮

二、变速机构挡位及动力传递路线分析

1. 挡位分析

为了便于进行挡位及动力传递路线分析，要画出动力传递结构简图（在设计时，也是先画出结构简图，并进行传动比和强度计算，再进行具体结构设计）。画动力传递结构简图时，不必完全按照实物比例，但要按照各齿轮相对大小画，不能大的画成小的，因为齿轮的大小决定了它是第几挡的传动齿轮，所以可以根据齿轮的大小来判断挡位。由于倒挡齿轮的轴线与其他两主要平行轴线（如图3-14中的第二轴17轴线和中间轴53轴线）成空间状态，在画图时，一般将其旋转展开，画在图形的最下方。

图3-19给出了图3-14所示变速器变速机构的动力传递结构简图。从图中可以看出，该变速机构主变速有5个前进挡和1个倒挡，副变速有两个挡：高速挡和低速挡。5个前进挡中，除了5挡（直接挡）的动力传递不需要经过中间轴外，其余4个前进挡和1个倒挡都要经中间轴传递动力。副变速的两个挡中，高速挡其实是将第二轴17和传动齿轮轴56两根轴直接相连，只有低速挡的动力经过行星齿轮机构。因此，该变速器的挡位数表示为$5 \times 2 + 2$。

在图3-19中，齿轮50、42和26均为倒挡动力传递专用齿轮，其中，齿轮26与齿轮50不啮合，因此它们的齿顶线未画重合；齿轮26和齿轮42的齿顶线间用虚线作了连接，表明齿轮26与齿轮42是相啮合的，因此这3个倒挡动力传递专用齿轮间的动力传递次序为50→42→26。

在图3-19中，标有挡位字样的文字（如4挡）所批示的位置是指当换挡啮合套移动到此位置时属于哪个挡位。17（结构）和53（结构）字样所指的齿轮是指该齿轮不属于独立零件，而是与零件17和零件53制造成一体，只是该零件上的一个结构，因为要分析挡位和动力传递路线，所以要独立作标注。

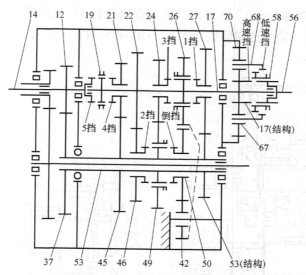

图 3-19　图 3-14 所示变速器变速机构的动力传递结构简图
注：图注同图 3-15～图 3-17

2. 动力传递路线分析

当换挡啮合套按图 3-19 中所示位置移动到相应的挡位时，各挡动力传递路线见表 3-1。

表 3-1　变速机构各挡动力传递路线

啮合套位置	挡位	输入端传递路线	主变速传递路线	副变速传递路线
49 右 58 左	高速挡-倒挡		→49→50→42→26→17→	
26 右 58 左	高速挡-1 挡		→53（结构）→27→26→17→	
49 左 58 左	高速挡-2 挡	14→12→37→53→	→49→46→22→17→	→58→56
26 左 58 左	高速挡-3 挡		→49→24→26→17→	
19 右 58 左	高速挡-4 挡		→45→21→19→17→	
19 左 58 左	高速挡-5 挡	14→	→19→17→	
49 右 58 右	低速挡-倒挡		→49→50→42→26→17→	
26 右 58 右	低速挡-1 挡		→53（结构）→27→26→17→	
49 左 58 右	低速挡-2 挡	14→12→37→53→	→49→46→22→17→	→17（结构）→67
26 左 58 右	低速挡-3 挡		→49→24→26→17→	→68→58→56
19 右 58 右	低速挡-4 挡		→45→21→19→17→	
19 左 58 右	低速挡-5 挡	14→	→19→17→	

三、梭行挡

梭行挡是指倒挡机构不内嵌于主变速机构中，而是与主变速机构相串联，这样，拖拉机的前进挡与倒挡挡位数相等，增强了拖拉机的作业能力。梭行挡安装于主变速机构之前、离合器之后。图 3-20 所示为某梭行挡装置的结构，挂前进挡时，换挡啮合套 17 左移，与输入齿轮轴 4 上的接合齿圈 A 和啮合套座 16 同时啮合（图 3-21a），动力传递路线为 4→17→16 →13；挂倒挡时，换挡啮合套 17 右移，与倒挡输出齿轮 15 上的接合齿圈 B 和啮合套座 16 同时啮合（图 3-21b），动力传递路线为 4→7→10→15→17→16→13。

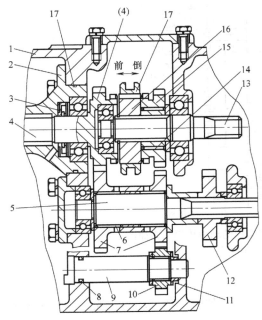

图 3-20　某梭行挡装置的结构

1—离合器壳体　2—输入轴轴承座　3—油封
4—输入齿轮轴　5—前驱动传动轴　6、11、14—滚针组件
7—倒挡双联齿轮　8、17—O 形圈　9—倒挡惰轮轴
10—倒挡惰轮　12—前驱动传动齿轮　13—第一轴
15—倒挡输出齿轮　16—啮合套座　17—换挡啮合套

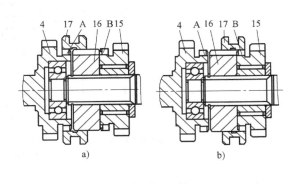

图 3-21　某梭行挡换挡原理
a）前进挡　b）倒挡
注：除 A、B 外其余标注同图 3-20
A—齿轮轴 4 齿圈　B—齿轮 15 齿圈

四、爬行挡

　　在副变速基础之上，再加一级有两个挡位的减速装置，一个挡位不改变传动比，两根轴动力直接相连，另一个挡位的传动比则大于 1，使拖拉机的行驶速度更低，以增大牵引力。图 3-22 所示为某爬行挡装置的结构，不减速挂直接挡时，换挡啮合套 11 左移，与变速器输出齿轮轴 13 上的接合齿圈和啮合套座 12 同时啮合，动力传递路线为 13→11→12→8；减速挂爬行挡时，换挡啮合套 11 右移，与爬行输出齿轮 10 上的接合齿圈和啮合套座 12 同时啮合，动力传递路线为 13→4→10→11→12→8。

五、同步器

　　变速器在换挡过程中，必须使所选挡位的一对待啮合齿轮轮齿的圆周速度相同（即同步），这样才能使它们平顺地进入啮合而挂上挡。如果两齿轮的轮齿不同步即强制挂挡，则势必因两齿轮轮齿间存在速度差而产生冲击和噪声。这样，不但不易挂挡，而且会影响轮齿的使用寿命，使轮齿端部磨损加剧，甚至使轮齿折断。为使换挡平顺，驾驶员应采取合理的换挡操作步骤。为了减少驾驶员的此种复杂操作，可采用同步器换挡。

同步器是在接合套换挡机构基础上发展起来的，其中除换挡啮合套、啮合套座、对应齿轮上的接合齿圈外，还增设了使啮合套与对应接合齿圈的圆周速度达到并保持一致（同步）的机构，以及阻止两者在达到同步之前接合的防冲击结构。

1. 结构

图3-23 所示为拖拉机中所用的锁环式惯性同步器，它主要由啮合套7、啮合套座13、锁环4和8、滑块5、定位销6和弹簧15等组成。

啮合套座13以其内花键套装在第二轴的外花键上，两个锁环分别安装在啮合套座13的两端及6挡接合齿圈3与5挡接合齿圈9之间。锁环内锥面与接合齿圈端部外锥面保持接触，并且在锁环锥面上加工了细密的螺纹槽，以使配合锥面间的

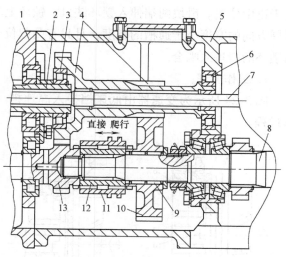

图3-22 某爬行挡装置的结构
1—变速器壳体 2—变速器4挡主动齿轮轴
3、6—圆柱滚子轴承 4—爬行中间双联齿轮
5—后桥壳体 7—动力输出传动后轴
8—中央传动主动齿轮轴 9—滚针组件
10—爬行输出齿轮 11—换挡啮合套
12—啮合套座 13—变速器输出齿轮轴

润滑油膜破坏，提高锥面摩擦系数，增加配合锥面间的摩擦力。锁环外缘上有非连续的花键齿，其齿的断面形状和尺寸与接合齿圈、啮合套座外缘上的花键齿均相同，并且接合齿圈和锁环上的花键齿与啮合套面对一端均有倒角（锁止角），该倒角与啮合套内花键齿端倒角一样。锁环端部沿圆周均布了三个缺口 c 和三个凸起 d。在啮合套座外缘上均布的三个轴向槽 b 内，分别安装了可沿槽移动的三个滑块。滑块中部通孔内安插的定位销在压缩弹簧作用下

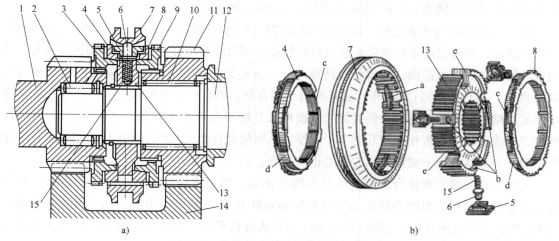

a)   b)

图3-23 拖拉机中所用锁环式惯性同步器
a）二维剖面图 b）三维外观图
1—第一轴 2、10—滚针轴承 3—6挡接合齿圈 4、8—锁环（同步环） 5—滑块 6—定位销 7—啮合套
9—5挡接合齿圈 11—第二轴5挡齿轮 12—第二轴 13—啮合套座 14—中间轴5挡齿轮 15—弹簧
a—凹槽 b—轴向槽 c—缺口 d—凸起 e—通槽

将定位销推向啮合套，并使其球头部分嵌入啮合套内缘的凹槽 a 中，以保证在空挡时啮合套处于正中位置。滑块两端伸入锁环缺口，锁环上的凸起伸入啮合套座上的通槽 e 中，凸起沿圆周方向的宽度小于通槽的宽度，且只有凸起位于通槽的中央位置时，啮合套的齿才有可能与锁环的齿进入啮合。

2. 工作原理

图 3-24 所示为变速器由低速挡换入高速挡（5 挡换入 6 挡时，锁环式惯性同步器的工作过程。

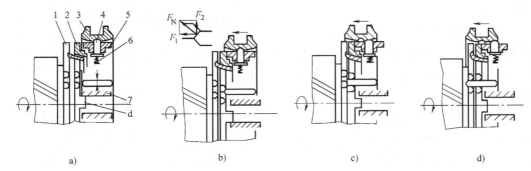

图 3-24 锁环式惯性同步器的工作过程
a）空挡位置 b）不同步锁止 c）锁环啮合 d）完全换挡
1—6 挡接合齿圈 2—锁环（同步环） 3—啮合套 4—定位销 5—滑块 6—弹簧 7—啮合套座

（1）空挡位置 如图 3-24a 所示，当啮合套刚从 5 挡换入空挡时，啮合套与滑块均处于中间位置，并靠定位销定位。此时，锁环与接合齿圈之间的配合锥面并不接触，即锁环具有轴向自由度。因锁环上凸起的一侧与啮合套座上通槽的一侧相互靠合，故啮合套座推动锁环同步旋转。由此可见，与第二轴相关的啮合套座及锁环、啮合套，与第一轴相关的 6 挡接合齿圈，均在自身及相连的一系列运动件的惯性作用下继续按原方向旋转。设接合齿圈、锁环和啮合套的转速分别为 n_1、n_2 和 n_3，此时，$n_2 = n_3$，$n_1 > n_3$，则 $n_1 > n_2$。

（2）力矩形成与锁止过程 若要挂入高速挡（6 挡），则需要通过变速操纵机构将啮合套向左拨动，同时通过定位销带动滑块向左移动。当滑块左端面与锁环缺口端面接触时，继而推动锁环移向接合齿圈，使得具有转速差（$n_1 > n_2$）的两锥面一经接触便产生摩擦力矩 M_f。此时，接合齿圈通过 M_f 带动锁环相对于啮合套和啮合套座超前转过一个角度，直至锁环凸起与啮合套座通槽的另一侧接触时，锁环又开始与啮合套座和啮合套同步旋转。同时，啮合套的齿与锁环的齿相互错开约半个齿厚，从而使啮合套齿端倒角和锁环齿端倒角正好相互抵触，导致啮合套不能继续向左移动进入啮合。

显然，如果要实现接合齿圈与锁环齿圈的接合，则要求锁环相对于啮合套后退一定角度。由于驾驶员始终对啮合套施加了向左的轴向推力 F_1，致使作用在锁环倒角面上的法向力 F_N 产生了切向分力 F_2，如图 3-24b 左上方受力分析所示。F_2 形成了使锁环相对于啮合套向后倒转的拨转力矩 M_b。由于 F_1 使锁环与接合齿圈配合锥面持续压紧，M_f 迫使接合齿圈迅速减速，以尽快与锁环同步。由于接合齿圈作减速旋转，根据惯性原理所产生的惯性力矩的方向与旋转方向相同，且通过摩擦锥面作用在锁环上，阻碍锁环相对于啮合套向后倒转。

项目3 变速器认知与拆装 39

由此可见，接合齿圈与锁环及啮合套在未达到同步之前，两个方向相反的力矩作用在锁环上，即拨环力矩 M_b 和惯性力矩（摩擦力矩）M_f。若 $M_b > M_f$，则锁环即可相对于啮合套向后倒转一定角度，以便啮合套进入啮合；若 $M_b < M_f$，则锁环阻止啮合套进入啮合。因为待接合齿圈及与其相连的一系列零件的惯性力矩的大小决定锁环的锁止作用，所以称其为惯性式同步器。基于一定的轴向推力 F_1，惯性力矩 M_f 的大小取决于接合齿圈与锁环配合锥面锥角的大小，拨环力矩 M_b 的大小取决于锁环和啮合套齿端倒角（锁止角）的大小。因此，进行同步器设计时，需要适当选择锥角和锁止角，以保证达到同步之前始终是 $M_f > M_b$。这样，驾驶员施加在啮合套上的轴向推力 F_1 无论有多大，锁环都能有效阻止啮合套进入啮合。

（3）同步换挡 当驾驶员继续对接合套施加轴向推力时，锥面间的摩擦力矩就会迅速使接合齿圈的转速降到与锁环的转速相同，即二者相对角速度为零，惯性力矩不复存在。但由于轴向推力 F_1 的作用，两摩擦锥面仍紧密接合，此时在拨环力矩 M_b 的作用下，锁环连同接合齿圈及与其相连的所有零件一起相对于啮合套向后倒转一定角度，导致锁环凸起转到正对啮合套座通槽中央，啮合套与锁环二者的花键齿不再抵触，即锁止现象消失。在驾驶员所施轴向推力的作用下，啮合套克服弹簧阻力压下定位销继续左移，直至与锁环花键齿圈完全啮合，如图3-24c所示。

此时，轴向推力 F_1 不再作用于锁环，则锥面间的摩擦力矩随之消失。而驾驶员还要持续向左拨移啮合套，倘若又出现了啮合套花键齿与接合齿圈花键齿抵触的情况，如图3-24c所示，则与上述分析类似，通过作用在接合齿圈花键齿端倒角面上的切向分力，使接合齿圈及与其相连的零件相对于啮合套转动一定角度，最终使啮合套与接合齿圈完全啮合，完成低速挡向高速挡的转换，如图3-24d所示。

>> **任务实施**

一、变速器变速机构的拆卸

1. 副变速中间齿轮轴组件的拆卸
副变速中间齿轮轴组件的拆卸参照图3-25进行，具体步骤如下：
1）抽出动力输出传动轴1。
2）拆去中间轴轴承盖的固定螺栓2（含垫圈），取下中间轴轴承盖3。
3）用铁锤通过铜棒敲击，拆下中速挡主动齿轮组件5。
4）取下倒挡主动齿轮7和中间齿轮轴隔圈6。
5）用铁锤通过铜棒敲击，拆下副变速中间齿轮轴8（含衬套11，拆下会损坏）。
6）用铁锤通过铜棒敲击，拆下轴承9。

2. 第一轴组件的拆卸
第一轴组件的拆卸参照图3-26进行，具体步骤如下：
1）拆去轴承座13的固定螺栓12（含垫圈），用铁锤通过铜棒敲击，拆下轴承座组件（内含两个油封14，拆下会损坏），轴承座纸垫11自动损坏。

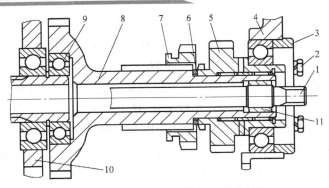

图 3-25　副变速中间齿轮轴组件的结构
1—动力输出传动轴　2—固定螺栓（含垫圈）　3—中间轴轴承盖
4、10—变速器壳体　5—中速挡主动齿轮组件　6—中间齿轮轴隔圈
7—倒挡主动齿轮　8—副变速中间齿轮轴组件　9—轴承　11—衬套

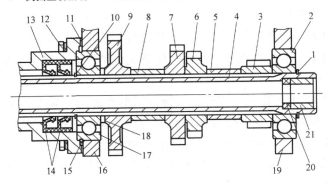

图 3-26　第一轴组件的结构
1、10—挡圈　2、17—轴承　3—1 挡主动齿轮　4—第一轴　5、8—第一轴隔套
6—2 挡主动齿轮　7—3 挡主动齿轮　9—4 挡主动齿轮　11—轴承座纸垫
12—固定螺栓（含垫圈）　13—轴承座　14—油封　15—止动环
16、19—变速器壳体　18—第一轴前隔圈　20—第一轴油封　21—铜套

2）用轴用弯头挡圈钳拆下挡圈 1。

3）用铁锤通过铜棒从右端往左敲击，冲出第一轴组件（内含挡圈 10、轴承 17、止动环 15、第一轴油封 20 和铜套 21），然后进一步分解。挡圈 10 和轴承 17 只能从第一轴 4 的左端取出，第一轴油封 20 和铜套 21 只能进行破坏性拆卸，因此不用拆。

4）依次取出 1 挡主动齿轮 3、第一轴隔套 5、2 挡主动齿轮 6、3 挡主动齿轮 7、第一轴隔套 8（与件 5 是同一种零件）、4 挡主动齿轮 9、第一轴前隔圈 18。

5）用铁锤通过铜棒敲击，拆下轴承 2。

6）取出 1 挡–2 挡拨叉和 3 挡–4 挡拨叉。

3. 倒挡轴组件的拆卸

倒挡轴组件拆卸的具体步骤如下：

1）拆去侧盖的固定螺栓，取下侧盖。

2）用专用螺栓旋入倒挡轴拆卸螺孔中，拉出倒挡轴，同时取下隔圈和倒挡中间齿轮组件。

4. 输出轴组件的拆卸

输出轴组件的拆卸参照图3-27进行，具体步骤如下：

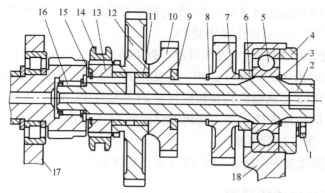

图3-27　输出轴组件的结构

1—固定螺栓（含垫圈）2—输出轴　3、8、15—挡圈
4—输出轴轴承盖　5—轴承　6—输出轴后隔圈
7—中速挡从动齿轮　9—输出轴半圆隔圈　10—倒挡从动齿轮
11—短衬套　12—低速挡从动齿轮　13—副变速啮合齿座
14—副变速啮合套　16—滚针轴承　17、18—变速器壳体

1）拆去输出轴轴承盖4的固定螺栓1（含垫圈），取下输出轴轴承盖4。

2）用轴用弯头挡圈钳拆下挡圈3。

3）用轴用弯头挡圈钳将挡圈8脱离挡圈槽后，用一字螺钉旋具拨至紧贴倒挡从动齿轮10。然后，用专用螺栓旋入输出轴2右端拆卸螺孔中，将输出轴2向外拉出至不能再移动（轴承5从座孔中完全脱出后一点），再用顶拔器拆下轴承5。

4）将输出轴组件倾斜后从变速器中取出，然后从第二轴后端内孔中取出滚针轴承16。

5）将输出轴2左端的挡圈15拆下，然后从左端依次取下轴上剩余的零件。

5. 第二轴组件的拆卸

第二轴组件的拆卸参照图3-28进行，具体步骤如下：

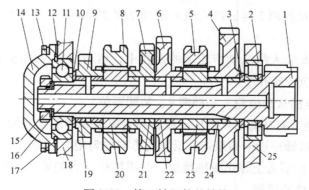

图3-28　第二轴组件的结构

1—第二轴　2、11—轴承　3—第二轴后隔圈　4—1挡从动齿轮　5、8—主变速啮合套
6—2挡从动齿轮　7—3挡从动齿轮　9—4挡从动齿轮　10—第二轴前隔圈　12—轴承盖纸垫
13—固定螺钉　14—第二轴承盖　15—螺母　16—止动垫圈　17—止动环
18、25—变速器壳体　19、21、22—短衬套　20、23—主变速啮合座　24—长衬套

1）拆去第二轴轴承盖的固定螺栓 13，取下第二轴轴承盖 14，轴承盖纸垫 12 自动损坏。

2）将止动垫圈 16 的锁止弯头从螺母 15 的槽中冲出变直，解除对螺母 15 的锁止，然后用勾形扳手拆下螺母 15，并取出止动垫圈 16。

3）用铁锤通过铜棒从第二轴 1 左端敲击，拆下第二轴（含轴承 2），然后依次取出第二轴前隔圈 10、4 挡从动齿轮 9 和短衬套 19、主变速啮合齿套 8 和主变速啮合套座 20、3 挡从动齿轮 7 和短衬套 21、2 挡从动齿轮 6 和短衬套 22（与件 19 和 21 是同一种零件）、主变速啮合套 5（与件 8 是同一种零件）和主变速啮合套座 23（与件 20 是同一种零件）、1 挡从动齿轮 4 和长衬套 24、第二轴后隔圈 3。

4）用铁锤通过铜棒敲击，拆下轴承 11（含止动环 17）。

二、变速器变速机构的装配

1. 第二轴组件的装配

第二轴组件的装配参照图 3-28 进行，具体步骤如下：

1）沿圆周方向均匀用力，将轴承 2 装入第二轴齿轮端，注意不要装反，带挡圈端朝向齿轮。然后，从变速器后端穿入轴承 2 的座孔，边穿入，边依次将第二轴后隔套、1 挡从动齿轮和长衬套、主变速啮合套和主变速啮合套座、2 挡从动齿轮和短衬套、3 挡从动齿轮和短衬套、主变速啮合套和主变速啮合套座、4 挡从动齿轮和短衬套、第二轴前隔圈装好。

2）用铜棒敲击第二轴齿轮端，使 4 挡从动齿轮 9 紧贴变速器壳体前壁，第二轴组件整体靠前暂不处于正确的安装位置，给输出轴组件安装提供空间。

2. 输出轴组件的装配

输出轴组件的装配参照图 3-27 进行，具体步骤如下：

1）装入输出轴后隔圈 6、中速挡从动齿轮 7 和挡圈 8（不要安装到位，放在挡圈槽边即可，因为在装入变速器内时还要移动）；将两个输出轴半圆隔圈 9 卡入槽内，然后依次放上倒挡从动齿轮 10、短衬套 11、低速挡从动齿轮 12、副变速啮合套座 13、副变速啮合套 14，最后装上挡圈 15；拨动挡圈 3 与倒挡从动齿轮 10 相距约 3mm 左右，为装入变速器壳体内做好准备。

2）将滚针轴承 16 装入第二轴齿轮端的内孔中，然后将输出轴组件整体倾斜装放入变速器内，两端插入相应的座孔中。

3）向后拨动中速挡从动齿轮 7 和挡圈 8，装配到位。

4）将穿心一字螺钉旋具塞在 4 挡从动齿轮和变速器壳体前壁之间，防止安装轴承 5 时输出轴轴向窜动；用铁锤通过铜棒敲击，沿圆周方向均匀用力，将轴承 5 装入座孔中。

5）装上挡圈 3，然后盖上输出轴轴承盖，并用螺栓（含垫圈）拧紧固定。

3. 第二轴前定位件的装配

第二轴前定位件的装配参照图 3-28 进行，具体步骤如下：

1）将止动环 17 装在轴承 11 上，然后用铁锤通过铜棒敲击装入座孔中。

2）装入止动垫圈 16，拧上螺母 15（拧至不能用手转动第二轴，然后退回 1/3 圈），然后翻转止动垫圈的锁止耳，将螺母锁止，防止松动。

3）换装新的轴承盖纸垫 12，盖上轴承盖 14，然后用螺栓（含垫圈）拧紧固定。

！注意：

为防止漏油，接合面要涂抹密封胶。

4. 倒挡轴组件装配

1）用孔用直头挡圈钳将挡圈装入倒挡中间齿轮，然后从齿轮两端分别用铁锤通过铜棒敲击装入两个轴承 6004。

2）将倒挡轴插入安装孔中，在插入的同时，依次套入步骤 1）所装好的倒挡中间齿轮组件和隔圈。

3）换装新的侧盖纸垫，盖上侧盖，然后用螺栓（含垫圈）拧紧固定。

！注意：

为防止漏油，接合面要涂抹密封胶。

4）将 1 挡-2 挡拨叉和 3、4 挡拨叉提前装入。

5. 第一轴组件的装配

第一轴组件的装配参照图 3-26 进行，具体步骤如下：

1）将挡圈装在第一轴（已装有第一轴油封和铜套，这两个零件要拆下，只能是破坏性的）上，用铁锤通过铜棒敲击装入轴承 6208N，然后将止动环装在轴承 6208N 上。

2）将步骤 1）所装好的第一轴组件插入安装孔中，在插入的同时，依次套入第一轴前隔圈、4 挡主动齿轮、第一轴隔套、3 挡主动齿轮、2 挡主动齿轮、第一轴隔套、1 挡主动齿轮，然后用铁锤通过铜棒敲击，将第一轴装配到位。

3）换装新的轴承座纸垫，盖上轴承座（已装有两个油封 SG40×62×8，拆下会损坏），然后用螺栓（含垫圈）拧紧固定。

！注意：

为防止漏油，接合面要涂抹密封胶。

4）用铁锤通过铜棒敲击，装上轴承 6308，然后装上挡圈。

6. 副变速中间齿轮轴组件的装配

1）将轴承 6208 用铁锤通过铜棒敲击装在副变速中间齿轮轴（已装有衬套，拆下会损坏）上，然后用铁锤通过铜棒敲击装在第一轴上。

2）将倒挡主动齿轮（注意不要装反，无轮齿的一侧朝向变速器前端）和中间齿轮轴隔圈装在副变速中间齿轮轴上。

3）用铁锤通过铜棒敲击，将中速挡主动齿轮组件装入座孔中。中速挡主动齿轮组件组装的步骤用铁锤通过铜棒敲击，将轴承 6211 装在中速挡主动齿轮上；依次将轴承 K37×42×17、小隔圈、轴承 K37×42×17 装入中速挡主动齿轮内孔中，最后装上止动环挡住。

4）盖上中间轴轴承盖，然后用螺栓（含垫圈）拧紧固定。

三、动力传递路线分析

按照表 3-1 的样式，分析图 3-1 所示变速器各挡位的动力传递路线（未标注的零件请自编序号）。

>> **练习与思考**

1. 何谓直接挡、爬行挡和梭行挡？

2. 同步器有何作用？查找资料，画出锁环式惯性同步器的结构简图，并作标注。

3. 请简要编写图 3-14 所示变速器变速机构的主要拆装步骤。

4. 请参照图 3-19 的画法，画出图 3-1 所示变速器的动力传递结构简图。

5. 如果图 3-1 所示变速器的齿轮轴 6 因磨损而径向较松动，会造成什么后果？

项目4 后驱动桥认知与拆装

【项目描述】

根据部件之间的相关度，将后驱动桥分成最终传动和制动器、动力输出装置、中央传动及差速装置三部分，进行结构的拆装与调整，在实践操作中学习相关结构知识和典型机构的工作原理。

【项目目标】

1）掌握典型最终传动、制动器、中央传动及差速装置和动力输出装置的组成。

2）借助使用说明书和零件图册，能正确拆装与本项目案例类似的最终传动、制动器、中央传动及差速装置和动力输出装置。

后驱动桥内部结构中除包括传动系统部件——中央传动及差速装置、最终传动外，还包括制动器和动力输出装置，它们形成了不可分割的整体，因此在结构拆装中是相互关联的，被归为同一个项目进行讲解。

任务1 最终传动和制动器认知与拆装

>> **任务要求**

☞知识目标：

1）掌握最终传动和制动器的常用结构。

2）掌握制动器的工作原理。

☞能力目标：

在使用说明书和零件图册的指导下，能正确拆装与本任务案例类似的最终传动和制动器。

>> **相关知识**

一、最终传动

最终传动的作用是进一步减速增矩，满足拖拉机低速、大驱动力的工作要求。

1. 行星齿轮机构式最终传动

图4-1所示为典型的行星机构式最终传动，其中的行星齿轮机构安装在后驱动桥壳体的

侧边，其内侧紧贴制动器。动力由半轴（太阳轮）17 输入，行星架 6 输出。行星架 6 通过花键与驱动轴 1 相连，端部通过挡板 20 和驱动轴锁紧螺栓 18 固定，并用驱动轴锁紧螺栓锁片 19 进行锁止防松。驱动轴通过轴承 4 和 22 支承在最终传动壳体 5 上，两轴承的预紧力通过驱动轴锁紧螺栓 18 的拧紧力进行调整。

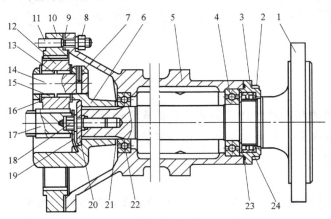

图 4-1 典型的行星机构式最终传动

1—驱动轴 2—螺栓 3—油封座 4、22—轴承 5—最终传动壳体 6—行星架
7—弹簧销 8—螺母 9—密封纸垫 10—齿圈 11—螺柱 12—行星轮
13—滚针内隔圈 14—行星轮轴 15—滚针组件 16—滚针外挡圈
17—半轴（太阳轮） 18—驱动轴锁紧螺栓 19—驱动轴锁紧螺栓锁片
20—挡板 21—垫片 23—O 形圈 24—油封

2. 圆柱齿轮式最终传动

如图 4-2 所示，圆柱齿轮式最终传动的一对圆柱齿轮副（11 和 8）安装在后驱动桥壳体 7 的内部，驱动轴 1 与半轴 11 不同轴线，制动器仍是通过半轴进行制动，但在驱动桥侧边用了独立的壳体进行安装，相对于行星齿轮机构式最终传动，拆装较为复杂。

3. 轮边减速最终传动

如图 4-3 所示，轮边减速最终传动采用圆柱齿轮副进行减速增矩，安装于半轴壳体的外端，不与驱动桥壳体相连，此种方式可在不改变其他结构的前提下增大轮距、离地间隙或轴距。

二、制动器

1. 制动系统

制动系统按功用的不同分为行车

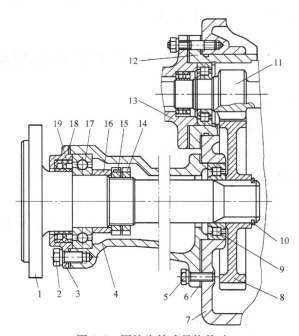

图 4-2 圆柱齿轮式最终传动

1—驱动轴 2、5—螺栓 3—油封座 4—最终传动壳体
6、18—密封纸垫 7—后驱动桥壳体 8—最终传动从动齿轮
9—圆柱滚子轴承 10—轴用挡圈 11—最终传动主动齿轮（半轴）
12—差速器轴承座 13—制动器壳体 14—圆螺母
15—锁紧垫片 16—隔套 17—深沟球轴承 19—油封

制动系统和驻车制动系统。行车制动系统是使行驶中的拖拉机减小速度甚至停止的一套专门

装置，它是在行车过程中经常使用
的制动装置，通常由驾驶员用脚操
纵，俗称脚刹。驻车制动系统是使
已停驶的拖拉机驻留原地不动的一
套装置，它通常由驾驶员用手进行
操纵，俗称手刹。行车制动系统和
驻车制动系统一般共用制动器，甚
至共用操纵机构中的大部分杆件。

　　制动系统按操纵力传递方式的
不同分为机械式和液压式。机械式
制动系统通过杆件机构传递操纵力；
液压式制动系统则将操纵力转换为
静液压力后，通过静液压力推动液
压缸的活塞运动，再转换为机械力。

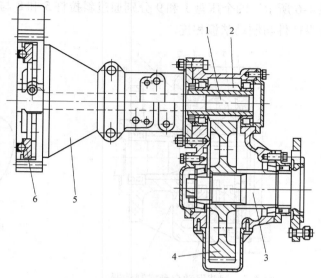

图 4-3　轮边减速最终传动
1—半轴　2—轮边减速主动齿轮　3—驱动轴
4—轮边减速从动齿轮　5—半轴壳体　6—制动器

　　2. 制动器的分类

　　制动器是制动系统用以产生制
动力矩的部件。根据摩擦副中旋转元件的结构形式不同，制动器可分为鼓式和全盘式两
大类。

　　（1）凸轮促动鼓式制动器　如图 4-4 所示，凸轮促
动鼓式制动器主要由前制动蹄 9、后制动蹄 11、制动鼓
7、制动凸轮 6 和回位弹簧 10 组成。制动鼓 7 随半轴一起
旋转，而前、后制动蹄 9 和 11 则通过支承销 12 与壳体固
定。制动时，制动踏板力经杆件传至制动凸轮 6，使制动
凸轮 6 逆时针旋转，升程增加，克服回位弹簧 10 的拉力，
将前、后制动蹄 9 和 11 撑开，与制动鼓 7 接触而产生摩
擦，从而产生制动力。松开制动踏板 1 和不制动时，回
位弹簧 10 的拉力使前、后制动蹄 9 和 11 回位。

　　（2）钢球促动全盘式制动器　图 4-5 所示的钢球促
动全盘式制动器采用了独立的壳体，在半轴 9 上装有两
组两面铆有石棉衬片的摩擦盘 2 和 6，摩擦盘 2 和 6 与半
轴 9 用花键联接，与半轴 9 一起旋转，并能沿半轴 9 轴向
移动。在两组摩擦盘 2 和 6 之间安装有压盘 3 和 5，它以
外圆定心并利用 3 个凸肩卡在制动器壳体 1 的 3 个凹槽
中，并能在较小范围内转动。在压盘 3 和 5 相对的内表面
上，各开有 5 个沿圆周均匀分布的球面斜槽，每个槽内
有 1 个钢球 4。3 根回位弹簧 8 将两个压盘 3 和 5 拉拢在一起，使钢球 4 夹紧在球面斜槽的

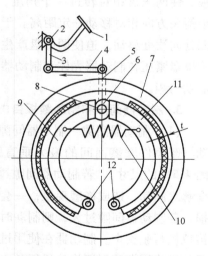

图 4-4　凸轮促动鼓式制动器
1—制动踏板　2—踏板轴
3—摆臂　4—拉杆　5—摇臂
6—制动凸轮　7—制动鼓
8—制动凸轮轴　9—前制动蹄
10—回位弹簧　11—后制动蹄
12—支承销　t—制动器间隙

深凹处。这样，压盘 3 和 5 与制动器壳体 1、制动器盖 7 共同组成制动器的不旋转部分。如图 4-6 所示，两个压盘 1 和 9 分别通过斜拉杆 5 和 8 与内拉杆 6 相连，而内拉杆 6 通过外部操纵杆件与制动踏板相连。

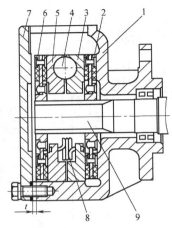

图 4-5　钢球促动全盘式制动器
1—制动器壳体　2、6—摩擦盘　3、5—压盘
4—钢球　7—制动器盖　8—回位弹簧　9—半轴
t—制动器间隙

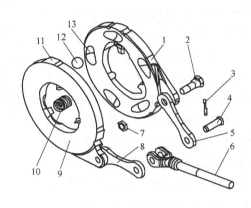

图 4-6　全盘式制动器压盘组件
1、9—压盘　2—螺栓　3—开口销　4—销轴
5、8—斜拉杆　6—内拉杆　7—螺母
10—回位弹簧　11—凸肩　12—钢球　13—球面斜槽

当踩下制动踏板时，来自外部的操纵力拉动斜拉板，使两压盘相对转过一个角度，相当于图 4-7b 上沿箭头方向相对移动一定距离。于是钢球 4 由斜槽深凹处向浅处移动，迫使两压盘产生轴向位移，直到将摩擦盘紧压在制动器壳体和制动器盖的内壁上而产生制动力矩。

3. 制动器间隙和制动踏板自由行程

（1）制动器间隙　制动器间隙是指在不制动时制动器摩擦件摩擦面间的最大垂直距离，如图 4-4 和图 4-5 中的尺寸 t。若制动器间隙过小，则不能保证完

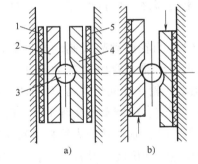

图 4-7　全盘式制动器制动过程示意
a）不制动时　b）制动时
1、5—摩擦盘　2、4—压盘　3—钢球

全解除制动，造成拖磨现象，一会浪费发动机的动力，增加燃料消耗，二会加剧摩擦片的磨损；若制动器间隙过大，则制动时反应时间过长，会造成制动不灵敏乃至失效，直接威胁到拖拉机行驶安全。制动器在使用过程中，随着摩擦片的磨损，制动器间隙会逐渐变大，为了延长维修周期和保证拖拉机行驶安全，必须定期进行检查和调整。

（2）制动踏板自由行程　在制动系统正常工作的情况下，从制动踏板开始踩下至制动器间隙消失，制动件（制动蹄和压盘等）开始接触而摩擦时的制动踏板行程称为制动踏板自由行程。为使制动器完全制动，还须踩下制动踏板，使摩擦件完全紧压在一起，这一距离反映到制动踏板上就是制动踏板工作行程。制动踏板自由行程与工作行程之和即制动踏板总行程。

正常情况下，制动踏板行程的大小主要决定于所设计的装配间隙。在拖拉机的使用过程中，制动踏板自由行程会发生变化，因制动器摩擦件磨损和杆件连接处磨损，正常情况下是

变大，这将会造成制动不灵敏，严重时还会导致失灵。当然，制动踏板自由行程过小，也会造成解除制动不彻底现象。因此，需要定期对制动踏板自由行程进行检查和调整。因制动踏板行程的变化实时地反映了制动器间隙的变化，所以一般情况下只需检查和调整制动踏板自由行程。

≫ 任务实施

1. 最终传动的拆卸

最终传动拆卸参照图4-8进行，主要步骤如下：

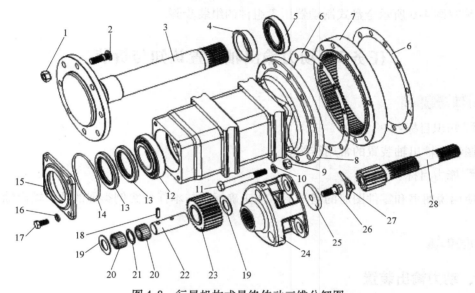

图4-8　行星机构式最终传动三维分解图

1、9—螺母　2、11、17—螺栓　3—驱动轴　4—隔圈　5、12—圆锥滚子轴承　6—纸垫
7—齿圈　8—最终传动壳体　10、16—垫圈　13—油封　14—O形圈　15—油封座
18—弹簧销　19—滚针外挡圈　20—滚针组件　21—滚针内隔圈　22—行星轮轴　23—行星轮
24—行星架　25—挡板　26—驱动轴锁紧螺栓　27—驱动轴锁紧螺栓锁片　28—半轴

1）拆去螺栓11和螺母9（含垫圈10），卸下最终传动总成，纸垫6和齿圈7自动分解。

2）取下驱动轴锁紧螺栓锁片27，拆下驱动轴锁紧螺栓26和挡板25。

3）取下行星架组件，拔出弹簧销18，取出行星轮组件，将行星架组件彻底分解。

4）拆下螺栓17和垫圈16，将油封座15敲松。

5）敲击驱动轴3内端，从最终传动壳体8上冲出驱动轴3，圆锥滚子轴承12内圈自动脱落，从驱动轴3上敲下圆锥滚子轴承5的内圈，取下油封座15（上含油封13和O形圈14）。

2. 最终传动的装配

按拆卸相反步骤进行装配，让学生自己编写操作步骤，但需注意以下几点：

1）将滚针组件20安装在行星轮23中时，需涂抹润滑脂，防止掉落，并确保不会少装。

2）拆卸后的密封件如有损伤，应予以更换。

3）需用驱动轴锁紧螺栓 26 调整圆锥滚子轴承 5 和 12 的轴承预紧度。

练习与思考

1. 编写图 4-2 所示圆柱齿轮式最终传动的拆装步骤（其他有碍拆装的零部件已拆除）。
2. 简述鼓式制动器的工作原理。
3. 简述钢球促动全盘式制动器的工作原理。
4. 何谓制动器间隙？其过大或过小对制动有何影响？
5. 何谓制动踏板自由行程？
6. 编写图 4-6 所示全盘式制动器压盘组件的组装步骤。

任务 2　动力输出轴装置认知与拆装

任务要求

☞知识目标：

掌握动力输出轴装置的常用结构。

☞能力目标：

在使用说明书和零件图册的指导下，能正确拆装与本任务案例类似的动力输出轴装置。

相关知识

一、动力输出装置

动力输出装置包括动力输出离合器、动力输出中间传动和动力输出轴装置。普通拖拉机不单独设置动力输出离合器，一般采用双作用离合器或与传动系统共用同一个单作用离合器。动力输出中间传动是指动力由离合器（或发动机）穿过变速器和后驱动桥前部的传动装置。动力输出轴装置是指安装于后驱动桥壳体后端，进行变速或减速，动力最终由动力输出轴输出的一套装置。

对于动力输出轴转速，国家标准规定为两种：发动机转速在标定转速的 80% ～90% 之间时，动力输出轴转速应为 1 000r/min 和 540r/min。但基于与农机具配套的需要，当前还保留有 750r/min 左右的非标转速。拖拉机一般都具有两种动力输出转速，通过换挡实现。只与发动机转速相关的动力输出轴转速称为标准动力输出，还有一种是与拖拉机驱动轮转速相关的动力输出轴转速，称为同步式动力输出。这种拖拉机动力输出轴的动力取自变速器的输出轴，目前很少使用。

在标准动力输出下，若动力输出装置与传动系统共用一个单作用离合器，则称之为非独立式动力输出。非独立式动力输出拖拉机起步时，需同时克服起步和农机具开始工作两方面的工作阻力，发动机负荷较大；拖拉机停车换挡时，农机具也随之停止工作。

在标准动力输出下，若采用联动操纵双作用离合器，则称之为半独立动力输出，工作过程中仍不能单独停止动力输出轴工作；若采用独立操纵双作用离合器或独立设置离合器（不与传动系统离合器设计成一体），则称为独立式动力输出，可实现独立操纵，拖拉机起步负荷小，能广泛满足不同农机具的作业要求。

二、双速动力输出轴装置（动力上输入）

图 4-9 所示为双速动力输出轴装置（动力上输入），其动力的输入是从变速器上部的第一轴内孔中传递过来的，因此称之为动力上输入。该动力输出轴装置能输出两种转速，是通过滑移齿轮进行换挡的。动力输出主动轴 1 上的两个齿轮 4 和 6 均通过花键与轴相连；动力输出轴 12 上的 1 挡从动齿轮 20 空套在轴上，并与 1 挡主动齿轮 4 常啮合，而另一个齿轮 18 则通过花键与之相连，并能在其上轴向滑动。换挡齿轮 18 处于中间位置时（图示位置）是空挡；换挡齿轮 18 向右移动与 2 挡主动齿轮 6 啮合时是 2 挡，动力输出轴 12 输出高转速；换挡齿轮 18 向左移动，通过内花键将 1 挡从动齿轮 20 与动力输出轴 12 连接起来，从而形成 1 挡，动力输出轴 12 输出低转速。

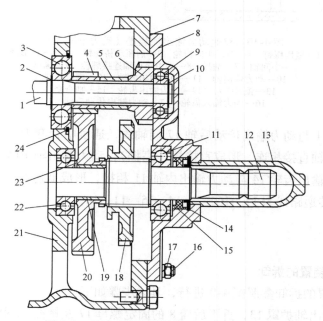

图 4-9　双速动力输出轴装置（动力上输入）

1—动力输出主动轴　2、10—轴用挡圈　3、9、11、22—深沟球轴承　4—1 挡主动齿轮
5—隔套　6—2 挡主动齿轮　7—密封纸垫　8—后盖　12—动力输出轴　13—动力输出轴护罩
14、15—油封　16—螺柱　17—固定螺母　18—换挡齿轮　19—衬套　20—1 挡从动齿轮
21—后驱动桥壳体　23—挡圈　24—止动环

三、双速动力输出轴装置（动力下输入）

图 4-10 所示为双速动力输出轴装置（动力下输入），其动力的输入是从变速器下部的中间轴内孔中传递过来的，因此称之为动力下输入。该动力输出轴装置能输出两种转速，是通过啮合套进行换挡的。动力输出轴 10 通过螺栓与动力输出内轴 11 相连，因此该种结构的动

力输出轴可以根据与农机具的匹配要求进行更换，适应性强。

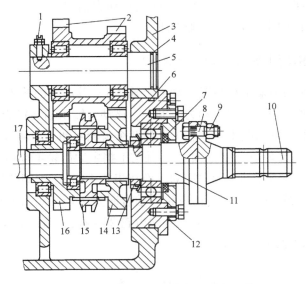

图 4-10　双速动力输出轴装置（动力下输入）
1—紧固螺钉　2—双联中间齿轮　3—后驱动桥壳体　4、6—O 形圈
5—中间轴　7—油封　8—动力输出轴连接螺栓　9—螺母
10—动力输出轴　11—动力输出内轴　12—密封纸垫
13—锁紧螺母　14—动力输出齿轮　15—啮合套
16—动力输入齿轮　17—动力输出传动后轴

动力输出内轴 11 与动力输出传动后轴 17 同轴线，通过啮合套 15（左移换挡）和动力输入齿轮 16 可将两轴直接相连，形成直接挡（高挡），动力输出轴 10 输出高转速。当啮合套 15 右移，将动力输出齿轮 14 与动力输出内轴 11 相接，形成低速挡，动力输出轴 10 输出低转速，此时动力传递路线为 17→16→2→14→15→11→10。

≫ 任务实施

1. 动力输出轴装置的拆卸

动力输出轴装置的拆卸参照图 4-9 进行，具体步骤如下：

1）拆下动力输出轴护罩 13，拆下后盖 8 的固定螺母 17 及螺栓（图中未画出），然后通过拆卸螺孔用螺栓顶出后盖 8（内含油封 14 和 15），取下密封纸垫 7（会损坏）。

2）拆下换挡拨叉及拨叉轴。

3）拉出动力输出轴组件（含动力输出轴 12 和轴上未拆的剩余零件），用顶拔器从两端分别拉出深沟球轴承 11 和 22，将动力输出轴组件分解。

4）拉出动力输出主动轴组件（含动力输出主动轴 1 和轴上所有零件），取下轴用挡圈 10，将深沟球轴承 9 和 2 挡主动齿轮 6 一起用顶拔器拉下，然后取下隔套 5 和 1 挡主动齿轮 4，最后敲下深沟球轴承 3 并取下轴用挡圈 2。

2. 动力输出轴装置的装配

按与拆卸相反的步骤对动力输出轴装置进行装配，让学生自行编写操作步骤。

注意：

　　拆卸后的密封件如有损伤，应予以更换。

练习与思考

　　1. 画出图 4-9 所示双速动力输出轴装置（动力上输入）的动力传递结构简图。

　　2. 画出图 4-10 所示双速动力输出轴装置（动力下输入）的动力传递结构简图。

　　3. 编写图 4-10 所示双速动力输出轴装置（动力下输入）的拆装步骤（其他有碍拆装的零部件已拆除），图中未标注的零件请根据图形合理进行标注。

　　4. 请设计一个双速动力输出轴装置，要求动力上输出，采用啮合套换挡，用动力传递结构简图表示。

任务 3　中央传动及差速装置认知与拆装

任务要求

☞知识目标：

1）掌握中央传动的常用结构。

2）理解差速器及差速锁的工作原理。

☞能力目标：

在使用说明书和零件图册的指导下，能正确拆装与本任务案例类似的中央传动及差速装置。

相关知识

一、功用与组成

　　中央传动的功用：将变速器传来的转矩进一步增大并降低转速；改变转矩的旋转方向，使拖拉机直驶。差速装置的功用：对左、右驱动轮进行差速，实现正确转向；当一侧驱动轮打滑时，将两驱动轮锁止，保持同一转速工作。

　　如图 4-11 所示，中央传动主要由一对锥齿轮啮合副（主动齿轮 1 和从动齿轮 9）、差速器 10 及差速锁装置 11 组成。主动齿轮 1 通过主动齿轮轴承座 3 用轴承支承后整体装入后驱动桥壳体 18，这种结构便于拆装和调整，也有直接通过轴承支承在后驱动桥壳体内的。从动齿轮 9 安装在差速器壳体上，与差速器 10 一起通过轴承 12 及差速器轴承座 13 支承在后驱动桥壳体 18 上。差速器 10 采用了对称式锥齿轮差速器，差速锁装置 11 采用了锁止差速器壳体和半轴齿轮形式。

二、中央传动的调整

　　中央传动的调整分为主，从动齿轮支承轴承预紧度的调整和齿轮啮合的调整，其中齿轮

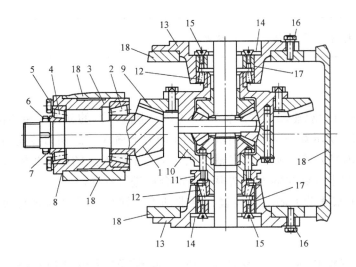

图 4-11　中央传动

1—主动齿轮　2、4、12—轴承　3—主动齿轮轴承座　5、16—螺栓
6—圆螺母　7—止动垫圈　8—主动齿轮调整垫片　9—从动齿轮
10—差速器　11—差速锁装置　13—差速器轴承座　14—紧固板
15—螺钉　17—调整螺母　18—后驱动桥壳体

啮合的调整包括齿轮啮合印痕的调整和齿侧间隙的调整。

> **！注意：**
> 轴承预紧度调整应在齿轮啮合调整之前进行。

1. 主动齿轮轴承预紧度的调整

图 4-11 所示的中央传动为典型的中央传动主动齿轮支承形式，采用了独立的主动齿轮轴承座 3，使用一对圆锥滚子轴承 2 和 4 支承，通过圆螺母 6 的拧紧力矩进行预紧，用止动垫圈 7 对圆螺母 6 进行锁止防松。调整时，先松开止动垫圈 7，转动圆螺母 6，保证在转动主动齿轮 1 时有 0.4 ~ 0.8N·m（说明：具体调整和测量方法会因结构、生产厂家的不同而有区别）的预紧摩擦阻力矩。调整完毕后，用止动垫圈 7 锁紧圆螺母 6。

2. 从动齿轮轴承预紧度的调整

在图 4-11 所示的中央传动中，从动齿轮 9 安装在差速器壳体上，是通过差速器壳体两端的轴承 12 支承的。调整螺母 17 通过螺纹安装在差速器轴承座 13 的内孔中，从轴承 12 的外圈端部将轴承 12 顶住，其防松措施是通过紧固板 14 和螺钉 15 将其与差速器轴承座 13 固定在一起。轴承 12 的预紧度是靠调整螺母 17 来调整的，调整时，先松开紧固板 14，转动调整螺母 17，保证在转动差速器总成时有 1.5 ~ 2N·m（说明：具体调整和测量方法会因结构、生产厂家的不同而有区别）的预紧摩擦阻力矩。调整完毕后，将紧固板 14 并紧。

3. 啮合印痕与齿侧间隙的调整

（1）啮合印痕的检查与调整　一般在主动齿轮的轮齿上涂抹红丹粉或普鲁士蓝等来检查其啮合印痕。正确的啮合印痕应分布在齿长和齿高中部并略偏向于小端，其长度不得小于齿宽的 55%，高度不得小于齿高的 55%（见图 4-12）。检查时若发现啮合印痕不正常，应进行调整。图 4-11 中主动齿轮啮合印痕的调整是通过改变主动齿轮调整垫片 8 的厚度（使主动齿轮轴向移动）和转动调整螺母 17（使从动齿轮轴向移动）来实现的。在调整过程中，当啮合间隙和啮合印痕有矛盾（即啮合印痕合适，而间隙不合适；或者相反）时，应以啮合印痕为准，但啮合间隙不得小于 0.16mm。转动调整螺母 17 时必须保持两侧一致，一边旋入的圈数应等于另一边旋出的圈数，以避免破坏已调好的轴承预紧度。

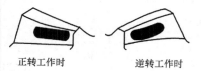

正转工作时　　　逆转工作时

图 4-12　啮合印痕

（2）齿侧间隙的检查与调整　将铅片塞入主、从动齿轮非工作面齿间，转动齿轮挤压铅片，然后取出铅片，测量铅片靠齿轮大端处的厚度（即齿侧间隙，应在 0.16～0.32mm 之间，具体由生产厂家确定），在齿轮圆周上均匀测量三点为宜，其侧隙的变化量不得大于0.1mm。若啮合间隙不符合要求，应进行调整。图 4-11 所示主、从动齿轮齿侧间隙的调整也是通过改变主动齿轮调整垫片 8 的厚度和转动调整螺母 17 来实现的。主动齿轮调整垫片 8 的厚度减小，齿侧间隙减小；两个调整螺母 17 整体下调，齿侧间隙减小。转动调整螺母 17 时必须保持两侧一致，一边旋入的圈数应等于另一边旋出的圈数，以避免破坏已调好的轴承预紧度。

三、差速器与差速锁

1. 差速器的功用

差速器是指能使同一驱动桥的左、右驱动轮或两驱动桥以不同的角速度旋转，并传递转矩的机构。

如图 4-13 所示，当拖拉机转弯行驶时，内、外两侧车轮中心在同一时间内移过的曲线距离显然不同，即外侧车轮移过的距离大于内侧车轮。若两侧车轮都固定在同一刚性转轴上，即两轮的角速度相等，则两轮中至少有一个车轮不能作纯滚动。

同样，拖拉机在不平地面上直线行驶时，两侧车轮实际移过的曲线距离也不相等。即使地面非常平直，但由于轮胎制造尺寸误差、磨损程度不同、承受的载荷不同或充气压力不等，各个轮胎的滚动半径实际上也不可能相等。因此，只要各车轮角速度相等，车轮对地面的滑动就必然存在。

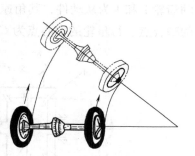

图 4-13　转向时驱动轮
运动示意图

车轮对地面的滑动不仅会加速轮胎磨损，增加拖拉机的动力消耗，而且可能导致转向和制动性能的恶化。因此，在正常行驶条件下，应使车轮尽可能不发生滑动。为此，在驱动轮或驱动桥之间必须安装差速机构。

2. 对称式锥齿轮差速器的组成

如图 4-14 所示，对称式锥齿轮差速器主要由差速器壳体 2、行星轮轴 15、行星轮 7 和 13、左半轴齿轮 9、右半轴齿轮 16、行星轮垫片 8 和 14、半轴齿轮垫片 10 和 17 等组成。差速锁的工作部件主要就是一个套装在差速器壳体上的差速锁组件 12。

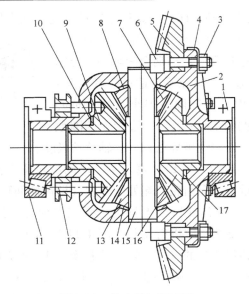

图 4-14　差速器与差速锁

1、11—圆锥滚子轴承　2—差速器壳体　3—螺母　4—锁片　5—中央传动从动齿轮
6—螺栓　7、13—行星轮　8、14—行星轮垫片　9—左半轴齿轮
10、17—半轴齿轮垫片　12—差速锁组件　15—行星轮轴　16—右半轴齿轮

3. 对称式锥齿轮差速器的工作原理与运动特性方程式

图 4-15 所示差速器采用的是行星齿轮机构。差速器壳体 2 与行星轮轴 3 连成一体，形成行星架，因其又与中央传动从动齿轮 6 固接在一起，故为主动件，设其角速度为 ω_0，半轴齿轮 1 和 4 为从动件，其角速度分别为 ω_1 和 ω_2。A、B 两点分别为行星轮 5 与两半轴齿轮的啮合点。行星轮的中心点为 C，A、B 和 C 三点到差速器旋转轴线的距离均为 r。

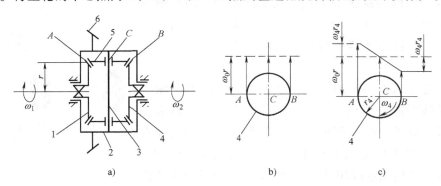

a)　　　　　　　　　　b)　　　　　　　　　　c)

图 4-15　差速器工作原理

a）差速器机构简图　b）不起差速作用　c）起差速作用

1、4—半轴齿轮　2—差速器壳体　3—行星轮轴　5—行星轮　6—中央传动从动齿轮

当行星轮 5 只是随同行星架绕差速器旋转轴线公转时，显然，处在同一半径上的 A、B 和 C 三点的圆周速度都相等（图 4-15b），其值为 $\omega_0 r$。于是，ω_1、ω_2 和 ω_0 相等，也就是差速器不起差速作用，两半轴角速度等于差速器壳体 2 的角速度。

当行星轮在公转的同时还绕本身的行星轮轴 3 以角速度 ω_4 自转时（图 4-15c），啮合点

A 的圆周速度为 $v_A = \omega_1 r = \omega_0 r + \omega_4 r_4$，啮合点 B 的圆周速度为 $v_B = \omega_2 r = \omega_0 r - \omega_4 r_4$，因此

$$v_A + v_B = \omega_1 r + \omega_2 r = (\omega_0 r + \omega_4 r_4) + (\omega_0 r - \omega_4 r_4)，即 \omega_1 + \omega_2 = 2\omega_0$$

若用每分钟转速 n 来表示角速度，则有 $n_1 + n_2 = 2n_0$，此为两半轴齿轮直径相等的对称式锥齿轮差速器的运动特性方程式。由此可以看出，左、右两侧半轴齿轮的转速之和等于差速器壳体转速的 2 倍，与行星轮的转速无关。

4. 对称式锥齿轮差速器的转矩分配特性

图 4-16 所示为对称式锥齿轮差速器的转矩分配示意。设中央传动传递至差速器壳体的转矩为 M_0，经行星轮轴和行星轮传给两半轴齿轮，两半轴齿轮的转矩分别为 M_1 和 M_2。

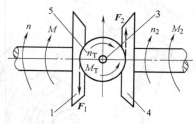

图 4-16　对称式锥齿轮差速器
的转矩分配示意
注：图注与图 4-15 相同。

当行星轮不自转时，即 $n_T = 0$，则行星轮内孔和背面所受的总摩擦力矩 $M_T = 0$，行星轮相当于一个等臂杠杆，均匀拨动两半轴齿轮转动。因此，差速器将转矩 M_0 平均分配给两半轴齿轮，即 $M_1 = M_2 = M_0/2$。

当行星轮按图 4-16 中 n_T 方向自转时（此时 $n_1 > n_2$），行星轮所受的摩擦力矩 M_T 与 n_T 方向相反，从而使行星轮分别对半轴齿轮 1 和 2 附加作用了大小相等而方向相反的两个圆周力 F_1 和 F_2。使传递到转速快的半轴齿轮 1 上的转矩 M_1 减小，而使传递到转速慢的半轴齿轮 2 上的转矩 M_2 增加；且 M_1 的减小值等于 M_2 的增加值，即等于 $M_T/2$。因此，当两侧驱动轮存在转速差（$n_1 > n_2$）时，有

$$M_1 = (M_0 - M_T)/2 , M_2 = (M_0 + M_T)/2$$

目前广泛使用的对称式行星齿轮差速器的 M_T 很小，故可近似地认为任意时刻都有

$$M_1 = M_2 = M_0/2$$

即无论差速器是否起作用，都具有转矩等量分配的特性，这对拖拉机在良好路面上行驶时是有利的，但会严重影响拖拉机在不良地面上行驶时的通过能力，如一侧车轮打滑，另一侧车轮因获得与打滑侧车轮相同的转矩，致使驱动力较小，导致拖拉机不能行驶。

5. 差速锁

图 4-17 所示为差速锁及其操纵机构三维分解图，差速锁组件 3 上带有锁销 2，差速器壳体 4 和左半轴齿轮 5 上带有锁销孔 1。对照图 4-14，差速锁组件 3 靠内孔间隙配合套装在差速器壳体 4 上，其上锁销 2 插入差速器壳体 4 上的锁销孔 1 中，不锁止时，锁销 2 不会插入左半轴齿轮 5 的锁销孔 1 中，左半轴齿轮 5 可以相对于差速器壳体转动。

当一侧车轮打滑，需要进行差速锁止时，可以通过图 4-17 所示的差速锁操纵机构拨动差速锁组件 3 滑动，对照图 4-14，将其上的锁销插入到左半轴齿轮 5 的锁销孔中，使左半轴齿轮 5 和差速器壳体 4 刚性连接，从而使整个差速器的内部构件都刚性相连，不能作相对运动，使差速器失去差速作用，强行将来自发动机的动力传递给左、右驱动轮。

差速锁工作原理的实质就是将传向左、右驱动轮的动力件相互刚性锁止。图 4-18 所示为其他两种结构形式的差速锁。

差速锁的使用注意事项如下：

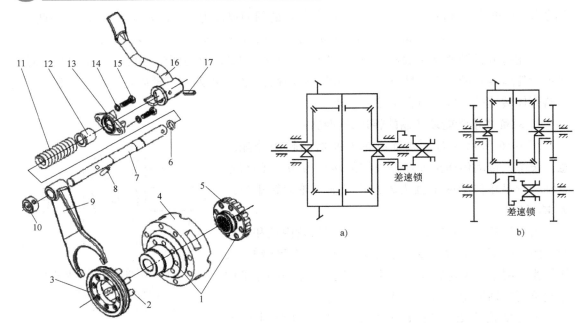

图 4-17 差速锁及其操纵机构三维分解
1—锁销孔 2—锁销 3—差速锁组件 4—差速器壳体
5—左半轴齿轮 6—O 形圈 7—差速锁拨叉轴
8、17—弹簧销 9—差速锁拨叉 10—轴套
11—差速锁回位弹簧 12—导套 13—差速锁底座
14—垫圈 15—螺栓 16—差速锁踏板

图 4-18 差速锁结构简图
a）半轴与差速器壳体连接 b）两半轴连接

1）只有在拖拉机一侧驱动轮严重打滑时，才允许接合差速锁。

2）接合差速锁时，应首先彻底分离主离合器，然后接合差速锁。当拖拉机通过湿滑路面后，应立即放松离合器踏板或手柄，使之自动分离，以免造成转向困难。

3）使用差速锁时，拖拉机不得转弯。

任务实施

1. 中央传动的拆卸

中央传动的具体拆卸步骤如下：

1）拆卸差速锁操纵件（参照图 4-17）：用撬棒将差速锁拨叉 9 推向锁止位置，解除对轴套 10 的压力，然后冲出弹簧销 8，将差速锁拨叉轴 7 连同差速锁踏板 16 一起从后驱动桥壳体中抽出，取出差速锁拨叉 9、差速锁回位弹簧 11 和导套 12。

以下步骤参照图 4-11 和图 4-19 进行。

2）拆下螺栓 5（含垫圈），轻敲主动齿轮 1 端部，将主动齿轮总成从后驱动桥壳体 18 中冲出，取下主动齿轮调整垫片 8。将止动垫圈 7 的锁舌从圆螺母 6 的槽口中冲出，解除对圆螺母 6 的锁止，然后旋下圆螺母 6，冲出主动齿轮 1（与轴承内孔是过盈配合），再进一步将轴承 2 的内圈从主动齿轮 1 上冲下，将轴承 2 和 4 的外圈从主动齿轮轴承座 3 中冲出。

3）拆下螺钉 15，取下紧固板 14。

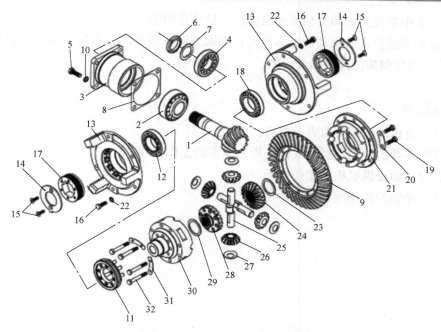

图 4-19 中央传动三维分解图

1—主动齿轮 2、4、12、18—轴承 3—主动齿轮轴承座 5、16、19、32—螺栓
6—圆螺母 7—止动垫圈 8—主动齿轮调整垫片 9—从动齿轮 10、22—垫圈
11—差速锁组件 13—差速器轴承座 14—紧固板 15—螺钉 17—调整螺母
20—从动齿轮锁紧垫片 21—差速器右壳体 23—右半轴齿轮垫片
24—右半轴齿轮 25—行星轮轴 26—行星轮 27—行星轮垫片 28—左半轴齿轮
29—左半轴齿轮垫片 30—差速器左壳体 31—差速器锁紧垫片

4）拆下螺栓 16（含垫圈），从内端向外轻敲出两个差速器轴承座 13，然后从差速器轴承座 13 中旋下调整螺母 17，取出轴承 12 和 18 的外圈。

以下步骤参照图 4-19 进行。

5）将差速器总成从后驱动桥壳体 18 中取出，进行分解。冲开从动齿轮锁紧垫片 20 对螺栓 19 的锁紧，旋下螺栓 19，敲下从动齿轮 9（与差速器右壳体 21 是过盈配合）。

6）冲开差速器锁紧垫片 31 对螺栓 32 的锁紧，旋下螺栓 32，将差速器左、右壳体 30 和 21 分开，取出内部的右半轴齿轮垫片 23、右半轴齿轮 24、行星轮轴 25、行星轮 26、行星轮垫片 27、左半轴齿轮 28 和左半轴齿轮垫片 29。

7）用顶拔器从差速器右壳体 21 上拆下轴承 18 的内圈，从差速器左壳体 30 上拆下轴承 12 的内圈，然后取下差速锁组件 11。

2. 中央传动的装配

按与拆卸相反的步骤对中央传动进行装配，让学生自行编写操作步骤，但需注意以下几点：

1）左、右半轴齿轮及其垫片不可互换，不能装错，左半轴齿轮 28 装在差速器左壳体 30 内，右半轴齿轮 24 装在差速器右壳体 21 内。

2）差速锁组件 11 必须先装在差速器左壳体 30 上，然后才可以装上轴承 12 的内圈。

3）在装配中要按要求调整轴承预紧度和齿轮啮合间隙。

4）差速器总成装入后驱动桥壳体内时，轴线方向不要装反，否则会改变拖拉机的行驶方向，挂前进挡会倒驶，挂倒挡会前驶。

>> **练习与思考**

1. 简述中央传动的调整内容及要求。
2. 简述差速器的功用及对称式锥齿轮差速器的工作原理。
3. 简述差速锁操纵机构的工作过程。
4. 简述差速锁的使用注意事项。

项目5 前驱动认知与拆装

【项目描述】

针对前驱动的组成特点，将其分成三大部分：分动器与传动轴、前最终传动、前中央传动及前驱动桥支承，并在拆装训练中，分别对它们的典型结构及调整进行认知与分析。

【项目目标】

1）掌握典型的前驱动组成。

2）借助使用说明书和零件图册，能对典型前驱动进行正确的拆装与调整。

四轮驱动的拖拉机，两个前轮也需产生驱动力，因此需要将来自发动机的动力传递给前驱动轮，并接受变速控制，与后轮在速度上匹配得当，保持协调一致，这就使得四轮驱动拖拉机的传动系统多出了前驱动部分。它包括分动器、传动轴和前驱动桥，其中前驱动桥包括前中央传动、前最终传动和前驱动桥支承。

任务1 分动器与传动轴认知与拆装

任务要求

☞知识目标：

1）掌握分动器的基本组成。

2）掌握传动轴的基本组成。

☞能力目标：

1）能对分动器进行正确的拆装与调整。

2）能对传动轴进行正确的拆装与调整。

相关知识

一、分动器

分动器的功能：根据作业要求，把来自变速器的输出动力通过齿轮传动分出一部分给前驱动桥，以驱动前轮转动，从而产生驱动力；在不需要前轮驱动时，将动力切断。

如图5-1所示，分动器主要由分动器壳体1、分动器操纵组件13、传动件（包括分动惰轮5、分动齿轮4和分动器轴21）、分合件（拨叉14和拨叉轴18等）、定位件、支承件和密封件等组成。分动器一般安装于变速器壳体或后驱动桥壳体的底部，通过分动惰轮5与变速器输出轴或后驱动桥中央传动主动齿轮轴上的齿轮相啮合，将动力传递给分动齿轮4，再经花键联接，由分动器轴21输出。

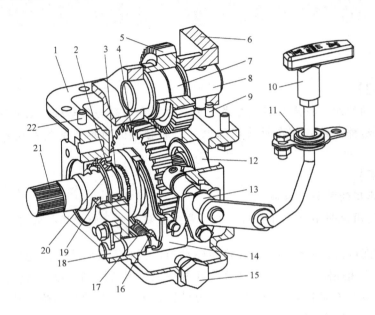

图 5-1　分动器的组成

1—分动器壳体　2、7、12—轴承　3—轴用挡圈　4—分动齿轮　5—分动惰轮
6—变速器壳体　8—惰轮轴　9、22—定位销　10—分动器操纵手柄
11—分动器操纵杆限位圈　13—分动器操纵组件　14—拨叉　15—放油螺塞
16—自锁钢球　17—自锁弹簧　18—拨叉轴　19—油封　20—孔用挡圈　21—分动器轴

图 5-1 所示的分动器采用滑移齿轮进行动力的分合（也可采用啮合套进行分合），分动齿轮 4 通过拨叉 14 与分动器操纵组件 13 相连，与变速器的换挡要求一样，该分动器在拨叉 14 内部安装了自锁钢球 16 和自锁弹簧 17 等防止自动脱挡的定位零件。

注意：

只有在田间作业或道路泥泞、轮胎打滑时才允许使用四轮驱动，分动器接合前驱动桥，其他情况下严禁使用，分动器操纵手柄 10 应放置在分离位置，否则易造成轮胎及传动系统早期磨损。

二、传动轴

传动轴的功能是把来自分动器的动力传递给前驱动桥。如图 5-2 所示，传动轴主要由前传动轴 6、后传动轴 26、前连接套 5、后连接套 14 和 20、中间支承件、外保护套管、密封件和紧固件等组成。传动轴分几段和中间支承的多少视机型、分动器到前驱动桥的距离而定。

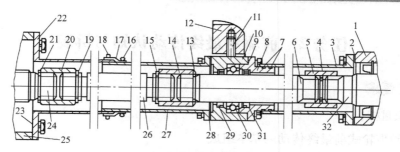

图 5-2　传动轴的组成

1—分动器体　2、9、23、28—密封纸垫　3—前套管　4—孔用挡圈　5—前连接套
6—前传动轴　7—O 形圈　8—油封座　10—中间支座　11—螺栓　12—离合器壳体
13、15、19、21—轴用挡圈　14、20—后连接套　16、18—喉箍　17—密封套
22—后短套管　24—齿轮轴　25—后支座　26—后传动轴　27—后长套管
29、31—油封　30—深沟球轴承　32—分动器轴

▶▶ 任务实施

1. 传动轴的在机拆卸

传动轴的在机拆卸参照图 5-2 进行，具体步骤如下：

1）拧松喉箍 16 和 18，拆下将后短套管 22 固定在后支座 25 上的螺栓，拆下将后长套管 27 固定在中间支座 10 上的螺栓，然后将后短套管 22 向右拉动、后长套管 27 向左拉动，相互聚拢在一起，使两个后连接套 14 和 20 露出来。

2）撑开安装在后传动轴 26 上的两对轴用挡圈，分别向中间拨动，使两个后连接套 14 和 20 全部移至在后传动轴 26 上。此时，可将后连接套 14 和 20、后传动轴 26、后长套管 27、后短套管 22、喉箍 16 和 18、密封套 17 整体向下取下，且相互之间可直接分开。

3）拆下将前套管 3 固定在分动器体 1 上的螺栓，拆下将油封座 8 固定在中间支座 10 上的螺栓，拆下将中间支座 10 固定在离合器壳体 12 上的螺栓 11，然后将剩余零件向左拉动，整体取下。此时，剩余各零件之间可直接分开，有的需要用到专用工具。

2. 传动轴的在机装配

传动轴装配步骤由学生对照拆卸步骤自行编写。

装配可按与拆卸相反的顺序进行，但要注意以下几点：

1）密封纸垫 2、9、23、28 在拆卸时会撕裂损坏，装配时要将粘附于零件表面的残片清除干净，更换新件，并涂抹规定的密封胶进行安装。

2）拆卸过程中，如果 O 形圈 7 和油封 29、31 有损坏，则应更换新件，且装配时应涂抹润滑脂或润滑油。

3）深沟球轴承 30 及其座腔内应填满规定要求的润滑脂。

▶▶ 练习与思考

1. 分动器和传动轴各有何作用？

2. 请简要编写图 5-1 所示分动器的主要拆装步骤（未标注零件请自行进行标注）。

任务2　前驱动最终传动认知与拆装

☞知识目标：

1）掌握锥齿轮式前最终传动的基本组成。

2）掌握行星齿轮机构式前最终传动的基本组成。

☞能力目标：

1）能对锥齿轮式前最终传动进行正确的拆装与调整。

2）能对行星齿轮机构式前最终传动进行正确的拆装与调整。

前驱动桥最终传动不仅要能传递动力给前驱动轮，实现减速增矩，还要能协助转向系统使前驱动轮绕固定轴线（主销轴线）旋转，实现转向。前最终传动常用的结构形式有锥齿轮式和行星齿轮机构式。

一、锥齿轮式前最终传动

1. 组成及工作原理

如图5-3所示，锥齿轮式前最终传动主要由二级锥齿轮副（包括中间传动主、从动齿轮5和25，末减速主、从动齿轮10和23）、立轴9、驱动轴22和转向旋转组件（包括立轴套管4、左边减速壳体15、左转向臂27和上轴承盖31）等组成。在结构上，立轴套管4是中间传动齿轮副的安装壳体，而左边减速壳体是末减速齿轮副的安装壳体。

半轴1的内端与差速器中的半轴齿轮通过花键连接，外端与中间传动主动齿轮5通过花键联接，将动力由差速器传至最终传动。立轴9的上端通过花键与中间传动从动齿轮25联接，下端通过花键与末减速主动齿轮10联接，将动力由中间传动齿轮副传至末减速齿轮副。末减速从动齿轮23通过花键与驱动轴22相联接，并靠驱动轴22支承。前驱动轮通过螺栓安装在驱动轴22上，由驱动轴22驱动，从而产生驱动力。

立轴套管4上端通过螺栓安装有上轴承盖31，侧边通过螺栓安装在左半轴套管2上，因此相对固定。上轴承盖31的外圆柱与立轴套管4的下端外圆柱同轴线，形成了供前轮转向所需的相对固定轴（主销），而立轴套管4的下端装入左边减速壳体15的配合孔中，并由左转向臂27从上端与左边减速壳体15相固连（相对固定不动），与上轴承盖31相动连（可相对转动）。这样，来自转向系统的转向动力就可通过左转向臂27传递至左边减速壳体15，带动左边减速壳体15绕主销旋转，则安装在左边减速壳体15中的驱动轴22也随之一起旋转，从而带动前驱动轮实现转向。

2. 装配调整

（1）中间传动齿轮啮合调整　一般情况下，中间传动齿轮啮合可通过中间传动调整垫

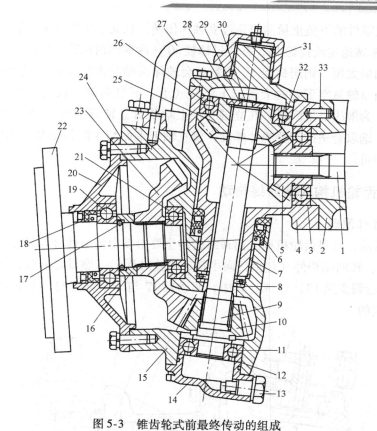

图 5-3 锥齿轮式前最终传动的组成

1—半轴 2—左半轴套管 3、11、19、21、26—深沟球轴承 4—立轴套管
5—中间传动主动齿轮 6、18—油封 7—衬套 8—推力球轴承 9—立轴
10—末减速主动齿轮 12—末减速调整垫片 13—放油螺塞 14—下轴承盖
15—左边减速壳体 16—驱动轴固定圈锁套 17—驱动轴固定圈 20—驱动轴盖
22—驱动轴 23—末减速从动齿轮 24—驱动轴盖垫片 25—中间传动从动齿轮
27—左转向臂 28—立轴调整垫片 29—立轴挡圈 30—螺栓 31—上轴承盖
32—中间传动调整垫片 33—立轴套管垫片

片 32 的厚度增减进行调整；必要时改变立轴套管垫片 33 的厚度，通过移动中间传动主动齿轮 5 来进行调整，具体数值由生产企业规定。

（2）末减速齿轮啮合调整 一般情况下，末减速齿轮啮合可通过增减末减速调整垫片 12 的厚度进行调整；必要时改变驱动轴盖垫片 24 的厚度，通过移动末减速从动齿轮 23 来进行调整，具体数值由生产企业规定。

（3）立轴调整 图 5-3 所示锥齿轮式前最终传动中，左前驱动轮在承受拖拉机整机部分重量时，重量传递路线为左半轴套管 2→立轴套管 4→推力球轴承 8→左边减速壳体 15 和驱动轴盖 20→深沟球轴承 19 和 21→驱动轴 22→左前驱动轮→地面。拖拉机在实际工作中有可能出现车轮悬空的状态，此时，车轮及相关零件的下坠重量必须由最终传动内部构件传递给拖拉机机体，传递路线为左前驱动轮→驱动轴 22→末减速从动齿轮 23→末减速主动齿轮 10 →立轴 9→螺栓 30→立轴挡圈 29→中间传动从动齿轮 25→中间传动主动齿轮 5→深沟球轴承 3→左半轴套管 2。

车轮及相关零件的下坠重量需要通过立轴 9 传递，且立轴 9 的两端分别连接着中间传动从动齿轮 25 和末减速主动齿轮 10，并通过螺栓 30 从两端向内拉紧，因此，立轴 9 的有效长度至关重要。如果太短，则当螺栓 30 拧紧后会破坏两端的齿轮啮合，造成齿侧间隙过小；如果太长，则当车轮悬空下坠时会造成下坠量（上、下窜动量）较大，产生冲击，影响机件的使用寿命。为解决以上问题，在立轴 9 的上端装有立轴调整垫片 28，当两端的齿轮啮合调整完毕后，选取合适的调整垫片厚度，使立轴上端面与中间传动从动齿轮 25 上的立轴挡圈座面相平即可。

二、行星齿轮机构式前最终传动

1. 组成及工作原理

如图 5-4 所示，行星齿轮机构式前最终传动主要由动力传递件（包括十字轴万向节 1 和行星减速机构）、转向结构件（包括转向主销 3 和转向节 6）、驱动轮安装件（包括前驱动轮毂 18 和前驱动轮毂支座 19）组成。其中，驱动轴 17 与十字轴万向节 1 的外万向节叉是整体加工制作而成的。

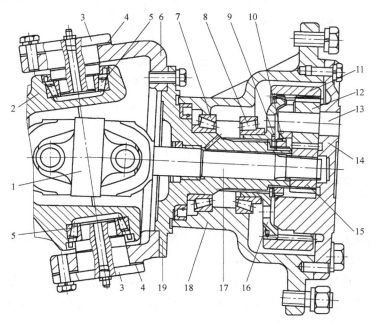

图 5-4　行星齿轮机构式前最终传动的组成

1—十字轴万向节　2—半轴套管　3—转向主销　4—主销轴承调整垫片
5、7、8—圆锥滚子轴承　6—转向节　9—锁紧垫片　10—锁紧圆螺母
11—齿圈　12—行星轮　13—行星轮轴　14—行星架　15—太阳轮
16—齿圈支座　17—驱动轴　18—前驱动轮毂　19—前驱动轮毂支座

与后驱动桥最终传动一样，行星减速机构由太阳轮 15 输入动力、行星架 14 输出动力，行星架 14 通过螺栓与前驱动轮毂 18 固连在一起，前驱动轮则装在前驱动轮毂 18 上。为了转向过程中不造成动力传递中断，行星齿轮机构式前最终传动采用了十字轴万向节 1 传递来自前中央传动的动力。上、下两个转向主销 3 内端通过圆锥滚子轴承 5 支承在半轴套管 2

中，外端则通过螺栓与转向节6固连在一起，并将转向节6从两端夹紧。转向时，转向节6接收来自转向系统的转向推力，通过转向主销3绕自身轴线旋转。

2. 装配调整

（1）轮毂支承轴承调整　图5-4所示行星齿轮机构式前最终传动中，前驱动轮毂18的两个支承轴承7和8是圆锥滚子轴承，在装配或使用过程中需要进行检查和预紧。轴承预紧度是靠锁紧圆螺母10调整的，调整时，先松开锁紧垫片9，转动锁紧圆螺母10，保证在转动前驱动轮毂18时有3~5N·m（此数据仅供参考，依厂家使用说明书为准）的摩擦阻力矩。

（2）转向主销支承轴承调整　图5-4所示行星齿轮机构式前最终传动中，转向主销3的支承轴承5是圆锥滚子轴承，在装配或使用过程中需要进行检查和预紧。轴承预紧度过大，则会导致摩擦阻力矩增加，将加剧磨损，造成转向困难；轴承预紧度过小，则会造成配合松动，产生冲击，导致零件因定位不准而提前损坏。调整时，通过增减调整垫片4的厚度，使轴承有一定的预紧力，在前驱动桥顶起的条件下，保证转动转向节6的转动阻力矩为1.2~1.8N·m（此数据仅供参考，依厂家使用说明书为准）。

3. 十字轴式刚性万向节

万向节的功用是在相互位置及两轴间夹角不断变化的两转轴之间传递动力。万向节的种类较多，十字轴式刚性万向节因其构造简单、传动可靠、效率高且允许两传动轴之间有较大的夹角（一般为15°~20°）而在拖拉机中被采用。十字轴是指这种万向节中有一个十字形状的主要动力传递件，刚性是指这种万向节为金属件相互间直接传递动力，不存在明显的弹性变形，也不能缓和冲击。

在图5-5所示的十字轴式刚性万向节中，两万向节叉4和8上的孔分别活套在十字轴6的两对轴颈上。这样，当主动轴转动时，从动轴既可以随之转动，又可以绕十字轴6的中心在任意方向上摆动。为了减小摩擦损失，提高传动效率，在十字轴轴颈和万向节叉孔间装有滚针10和套筒11组成的滚动轴承，然后用螺栓1和轴承盖3将套筒11固定在万向节叉4和8上，并用锁紧垫片2对螺栓1作防松处理，以防轴承在离心力的作用下从万向节叉内脱出。

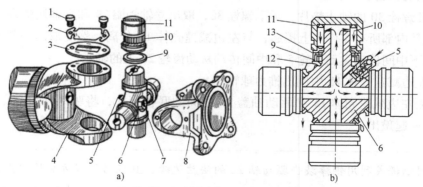

图5-5　十字轴式刚性万向节的结构及润滑
a）十字轴万向节　b）十字轴润滑油道及密封装置
1—螺栓　2—锁紧垫片　3—轴承盖　4、8—万向节叉　5—注油嘴
6—十字轴　7—安全阀　9—油封　10—滚针　11—套筒　12—油封挡盘　13—油封座

　　为了润滑轴承，十字轴被制作成空心的，并有油路通向轴颈。润滑油从注油嘴 5 注入十字轴内腔，为避免润滑油流出及尘垢进入轴承，在十字轴的轴颈上套着装在金属座圈内的毛毡油封 9。在十字轴的中部还装有带弹簧的安全阀 7。一旦十字轴内腔的润滑油压力大于允许值，安全阀即被顶开而润滑油外溢，使油封不致因油压过高而损坏。十字轴式刚性万向节的损坏是以十字轴轴颈和滚针轴承的磨损作为标志的，因此润滑与密封直接影响万向节的使用寿命。

　　单个十字轴万向节只能允许两传动轴之间的夹角变化为 15°～20°，故不能满足图 5-4 中的十字轴万向节 1 的工作需求（转向需要的转角大，否则拖拉机不能转小弯）。因此，图 5-4 中的十字轴万向节 1 采用了双联式十字轴万向节，如图 5-6 所示。双联式十字轴万向节其实就是两个单个十字轴万向节的组合使用，只是两万向节间的距离较短，直接做成了一个双联叉，允许夹角变化可达 50°。

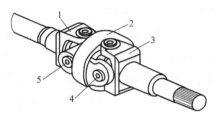

图 5-6　双联式十字轴万向节
1—主动叉　2—双联叉
3—从动叉　4、5—十字轴

>> **任务实施**

一、锥齿轮式前最终传动的拆装

锥齿轮式前最终传动的拆装参照图 5-3 进行。

1. 主要拆卸步骤

1）旋下放油螺塞 13 进行放油。

2）解除转向机构与总成间的连接，拆去左半轴套管 2 和立轴套管 4 之间的联接螺栓，将整个总成从整机上取下。

3）拆去左边减速壳体 15 和左转向臂 27 之间的联接螺栓，取下左转向臂 27。

4）拆去立轴套管 4 和上轴承盖 31 之间的联接螺栓，取下上轴承盖 31。

5）松开螺栓 30 的锁止垫片，拆下螺栓 30，取出立轴挡圈 29 和立轴调整垫片 28，将立轴套管 4 及其内部所有零件向上提起，与左边减速壳体 15 分离，然后取出内部各零件，并用顶拔器拉下中间传动主动齿轮 5 和中间传动从动齿轮 25 上的轴承。

6）从左边减速壳体 15 中倒出推力球轴承 8。

7）拆去左边减速壳体 15 和驱动轴盖 20 之间的联接螺栓，将驱动轴盖 20、驱动轴 22 及其上零件一起敲出。

⚠ 注意：
　　只能用铜锤或利用铜棒敲击驱动轴 22 的法兰边缘，且应沿圆周方向均匀用力。

8）对上一步拆下的驱动轴盖 20 和驱动轴组件进行分解。依次取下轴承 21、末减速从动齿轮 23、驱动轴固定圈锁套 16、驱动轴固定圈 17、驱动轴 22、轴承 19 和油封 18。

9）拆去左边减速壳体 15 和下轴承盖 14 之间的联接螺栓，拆出下轴承盖 14，连同轴承

11 一起抽出立轴9，从侧边取出末减速主动齿轮10。将轴承11用顶拔器从立轴9上拆下。

10）拆下油封6。

> ⚠ **注意：**
>
> 拆卸过程中不要损坏O形圈（图5-3中未作标注）。

2. 装配

装配步骤让学生对照拆卸步骤自行编写。

装配可按与拆卸相反的顺序进行，但要注意以下几点：

1）驱动轴盖垫片24和立轴套管垫片33在拆卸时会撕裂损坏，装配时要将粘附于零件表面的残片清除干净，更换新件并涂抹规定的密封胶进行安装。

2）在拆卸过程中，如果O形圈和油封有损坏，则应更换新件，且装配时应涂抹润滑脂或润滑油；同一位置处不同型号的油封不能装错位置和装反。

3）装配过程中应按要求进行齿轮啮合调整和立轴调整。

二、行星齿轮机构式前最终传动的拆装

行星齿轮机构式前最终传动的拆装参照图5-4进行。

1. 主要拆卸步骤

1）旋下行星架14上的放油螺塞进行放油。

2）解除转向机构与总成间的连接，拆去行星架14和前驱动轮毂18之间的联接螺栓，取下行星架总成，拆下行星轮轴13，进一步将行星架总成完全解体。

3）拆下太阳轮15前端的挡圈，取下太阳轮。

4）冲开锁紧垫片9对锁紧圆螺母10的锁止，旋下锁紧圆螺母10，取出锁紧垫片9。

5）取下齿圈支座16（含圆锥滚子轴承8的内圈）和齿圈11组件，拆下齿圈11上的挡圈，将齿圈支座16和齿圈11分开。

6）取下前驱动轮毂18（含圆锥滚子轴承7和8的外圈）。

7）拆去转向节6和前驱动轮毂支座19之间的联接螺栓，取下前驱动轮毂支座19（含圆锥滚子轴承7的内圈）。

8）拆去上、下两个转向主销3与转向节6之间的联接螺栓，然后拆下转向主销3和转向节6。

2. 装配

装配步骤让学生对照拆卸步骤自行编写。

装配可按与拆卸相反的顺序进行，但要注意以下几点：

1）在拆卸过程中，如果油封有损坏，则应更换新件，且装配时应涂抹润滑脂或润滑油，不能装反。

2）在装配过程中，应按要求进行转向主销支承轴承调整和轮毂支承轴承调整。

3）圆锥滚子轴承5在安装时，内部和座腔内要加满规定的润滑脂，或通过转向主销3上的注油嘴加注。

练习与思考

1. 请画出图 5-4 所示锥齿轮式前最终传动的动力传递结构简图。

2. 请画出图 5-5 所示行星齿轮机构式前最终传动的动力传递结构简图。

3. 请简述行星齿轮机构式前最终传动的调整内容及方法。

4. 万向节有何功用？

5. 如果将锥齿轮式前最终传动和行星齿轮机构式前最终传动进行组合，形成两级减速的前最终传动，则其基本结构该怎样设计？请画动力传递结构简图示意。

任务3　前中央传动及前驱动桥支承认知与拆装

任务要求

☞ 知识目标：

1）掌握前中央传动的基本组成。

2）掌握前驱动桥支承的基本组成。

☞ 能力目标：

1）能对前中央传动进行正确的拆装与调整。

2）能对前驱动桥支承进行正确的拆装与调整。

相关知识

一、前中央传动

如图 5-7 所示，前中央传动与后驱动桥中央传动的组成类似，主要由主、从动齿轮及其支承件，差速器和调整件组成，唯一区别是比后驱动桥中央传动少了差速锁装置，因此，其功能是减速增矩、改变动力传递方向和使左、右前驱动轮能差速行驶。

前中央传动的调整内容也与后中央传动一样，先要调整主、从动齿轮支承轴承的预紧度，再进行齿轮啮合调整。

1. 轴承预紧度的调整

图 5-7 中的主动齿轮 19 用一对圆锥滚子轴承 14 和 15 支承在轴承座 9 上，然后装入前中央传动

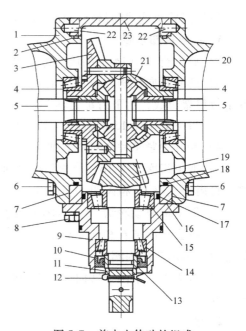

图 5-7　前中央传动的组成
1—左半轴套管　2、17、18—O 形圈
3—从动齿轮　4、14、15—圆锥滚子轴承
5—半轴　6、8—螺栓　7—从动齿轮调整垫片
9—轴承座　10—油封　11—锁紧螺母
12—开口销　13—隔套　16—主动齿轮调整垫片
19—主动齿轮　20—右半轴套管　21—差速器总成
22—定位销　23—前中央传动壳体

壳体 23 中，轴承预紧度的调整是通过锁紧螺母 11 的拧紧力矩来控制的。从动齿轮轴承 4 预

紧度的调整是通过从动齿轮调整垫片 7 的厚度系列及数量选用和螺栓 6 的压紧力来控制的。在压紧力不变的情况下，从动齿轮调整垫片 7 的厚度增加，则圆锥滚子轴承 4 外圈两端的轴向安装限位尺寸增大，使轴向游隙增加，从而使预紧力减小，若从动齿轮调整垫片 7 的厚度减小，则轴承预紧力增加。

图 5-8 所示为另一种结构形式的前中央传动从动齿轮支承，圆锥滚子轴承 6 的内滚道安装在差速器壳体上，外滚道安装在轴承外座 1 中。轴承外座 1 的一端加工有外螺纹，安装在前中央传动壳体 10 的座孔中，为间隙配合。为防止轴承外座 1 在前中央传动壳体 10 的座孔中旋转，用轴承外座锁止螺钉 2 旋入其上的轴向导槽中，这样，可通过与之相配合的调整锁紧螺母 3 的旋动而使轴承外座 1 相对于前中央传动壳体 10 作轴向运动，从而起到调整轴承预紧度和齿轮啮合的作用。调整时，先松开调整螺母锁紧板 5，转动调整锁紧螺母 3，保证在转动差速器总成时有 1.2~2.0N·m 的预紧摩擦阻力矩。旋入调整锁紧螺母 3，预紧力增加，旋出时则减小。

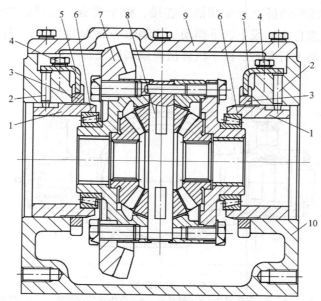

图 5-8　另一种结构形式的前中央传动从动齿轮及支承
1—轴承外座　2—轴承外座锁止螺钉　3—调整锁紧螺母　4—螺栓　5—调整螺母锁紧板
6—圆锥滚子轴承　7—从动齿轮　8—差速器　9—盖板　10—前中央传动壳体

2. 齿轮啮合检查与调整

在使用过程中，由于齿轮磨损引起齿侧间隙增大，从而导致齿轮工作不正常，而轴承磨损会使锥齿轮副离开原来的啮合位置。一般来说，只要不影响齿轮的正常啮合，在使用过程中可以不作调整，但在出现不正常工作状况或进行结构拆解后，均应进行啮合调整；若是损坏，还需进行更换。齿轮啮合的检查方法和调整要求与后中央传动相同，调整方法则由其采用的结构形式而定。

图 5-7 所示的前中央传动中，若要使主动齿轮 19 相对于从动齿轮 3 向离开的方向移动，则应增加主动齿轮调整垫片 16 的厚度；若要使从动齿轮 3 向靠近主动齿轮 19 的方向移动，则

应同时改变左、右两侧从动齿轮调整垫片 7 的厚度，右侧的增加，左侧的减少，增加量应等于减少量（只需将左侧减少的垫片加入右侧即可），以保证不改变已调整好的轴承预紧度。

图 5-8 所示的前中央传动中，若要使从动齿轮 7 轴向移动，以改变齿侧间隙或啮合印痕，应先松开左、右两侧的调整螺母锁紧板 5。增大齿侧间隙时，应先将左侧调整锁紧螺母 3 旋出，使左侧轴承外座 1 左移，然后将右侧调整锁紧螺母 3 旋入，使右侧轴承外座 1 也左移，最终使安装于差速器壳体上的从动齿轮 7 左移，远离主动齿轮。

!> **注意：**

左、右调整锁紧螺母 3 旋出和旋入的圈数应相等，以保证不改变已调整好的轴承预紧度，并再次用调整螺母锁紧板 5 将调整锁紧螺母 3 锁止。

二、前驱动桥支承

如图 5-9 所示，前驱动桥支承采用活动连接，整个桥身可通过前摆轴 5 和轴承座 3 在前、后支座 6 和 1 中绕自身轴线上、下摆动，摆动角一般为 11°左右。摇摆角的设置是为了防止拖拉机在不平地面上行驶时，由于机体横向倾斜过大而侧翻。

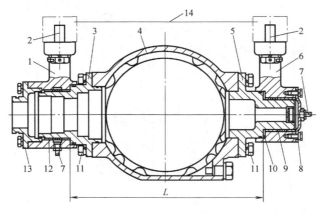

图 5-9　前驱动桥支承

1—后支座　2—支座螺栓　3—轴承座　4—前中央传动壳体　5—前摆轴
6—前支座　7—油杯　8—前支座盖　9—前支座衬套　10—前摆轴垫片
11—螺栓　12—后支座衬套　13—后支座盖　14—托架

前端的前摆轴 5 通过前支座 6 与托架相连，后端的轴承座 3 通过后支座 1 与托架相连。为防止转动磨损，前、后支座 6 和 1 内分别安装有前、后支座衬套 9 和 12，并通过油杯 7 定期加注润滑脂进行润滑。

由于前驱动桥支承是活动支承，安装后的前、后支座 6 和 1 不能将前摆轴 5 和轴承座 3 夹紧，否则会造成摩擦过大而导致转动不灵活，甚至因夹死而不能转动；但也不能留有较大的间隙，否则在拖拉机行驶中会造成运动冲击，影响零部件的使用寿命，如果间隙过大，还会使前驱动桥整体前后窜动而影响行驶的稳定性。为此，在前摆轴 5 和前支座 6 的轴向接触面间装有前摆轴垫片 10，用于调整安装尺寸 L，形成合适的装配间隙，此装配间隙一般为 0.2～0.4mm。

>> **任务实施**

1. 前中央传动的拆卸

前中央传动的拆卸参照图5-7进行，具体步骤如下：

1）拆去螺栓8，卸下主动齿轮总成并进一步分解：拆下开口销12，旋去锁紧螺母11，冲出主动齿轮19；拆下油封10，用顶拔器将圆锥滚子轴承14和15的内、外圈分别从主动齿轮19和轴承座9上拆下。

2）拆去螺栓6，取下左半轴套管1和右半轴套管20，然后将差速器总成21（含从动齿轮3）从前中央传动壳体23内取出。

2. 前中央传动的装配

前中央传动的装配参照图5-7进行，具体步骤如下：

1）按与拆卸相反的顺序组装主动齿轮总成，最后旋转锁紧螺母11调整圆锥滚子轴承14和15的轴承预紧度，调整好后用开口销12（拆卸后需更换新件）锁止。

2）将圆锥滚子轴承4的外圈分别敲入左半轴套管1和右半轴套管20的座孔内，其内圈敲入从动齿轮3和差速器壳上的轴颈内。

! **注意：**

> 圆锥滚子轴承内、外圈不可互换，因差速器总成有装配方向，圆锥滚子轴承4的内、外圈不要装错位置；不可敲击轴承工作面和保持架，只能敲击滚道端面，且应沿圆周方向均匀用力。

3）将左半轴套管1和前中央传动壳体23装在一起，用螺栓6固定（先均匀地拧4个）。注意不要忘装从动齿轮调整垫片7（预装0.1mm、0.2mm、0.5mm厚度的垫片各1个）和定位销22。

4）按图示方向装入差速器总成21，然后从上面装上右半轴套管20（从动齿轮调整垫片7预装0.1mm、0.2mm、0.5mm厚度的垫片各1个），均匀地拧紧4个螺栓6，转动差速器总成，检验轴承预紧度。若不合格，则将右半轴套管20拆下，通过更换垫片厚度进行调整，直至合格。

5）装上主动齿轮总成（主动齿轮调整垫片16预装0.1mm、0.2mm、0.5mm厚度的垫片各1个），拧紧螺栓8，转动主动齿轮19，检查齿侧间隙（一般齿侧间隙只要合格，啮合印痕也会满足要求）。如果不合格，拆下主动齿轮总成，先通过增减主动齿轮调整垫片16进行调整。如果无法调整到规定值，则应拆下左半轴套管1和右半轴套管20，通过从动齿轮调整垫片7进行调整，直至符合要求。

>> **练习与思考**

1. 针对拆装和调整，比较图5-7和图5-8所示两前中央传动结构的优、缺点。

2. 图5-9中，如果前支座衬套9磨损严重，会造成什么后果？

项目6 行驶和转向系统认知与拆装

【项目描述】

针对行驶和转向系统复杂结构较少的特点，以知识性和实践性较强的转向节总成、液压转向器为核心，组成相关结构的拆装与调整任务，并在任务中学习相关理论知识。

【项目目标】

1）掌握典型行驶和转向系统的组成及工作原理。

2）借助使用说明书，能正确对转向节总成进行拆装，对拖拉机轮距进行调整。

3）能正确对转向系统进行调整，能正确拆装液压转向器。

任务1 转向节总成拆装与轮距调整

任务要求

☞知识目标：

掌握行驶系统的组成和转向轮定位常识。

☞能力目标：

借助使用说明书，能正确对转向节总成进行拆装，对拖拉机轮距进行调整。

相关知识

一、行驶系统的功用与组成

行驶系统是支撑整机、产生驱动力并保证拖拉机正常行驶的系统。行驶系统的功用如下：

1）接收由发动机经传动系统传来的转矩，并通过驱动轮与地面间的附着作用产生地面对驱动轮的牵引力，以保证拖拉机正常行驶。

2）支撑整机，传递并承受地面作用在车轮上的各向反力及其所形成的力矩。

3）尽可能缓和地面对整机造成的冲击，并衰减其振动，以保证拖拉机的行驶平顺性。

4）与转向系统协调配合工作，实现拖拉机行驶方向的正确控制，以保证拖拉机的操纵稳定性。

行驶系统一般由车轮、前轴总成（用于两轮驱动）、前驱动壳体（用于四轮驱动）、后驱动桥最终传动壳体、悬架（当前一般拖拉机没有）和托架（用于将前轴或前驱动桥与发动机相连）等组成。

二、前轴及转向节总成

1. 前轴

如图 6-1 所示，前轴总成主要由前梁 2、左前梁臂 3、左转向节总成 4、右转向节总成 9、右前梁臂 8 和前梁摇摆轴 7 等组成。前轴总成通过前梁摇摆轴 7 安装在托架 1 上，允许绕轴上、下摆动，摆动角一般为 11°左右，本图中为 13°。前梁摆动角的设置是为了防止拖拉机在不平地面上行驶时，由于机体横向倾斜过大而侧翻。

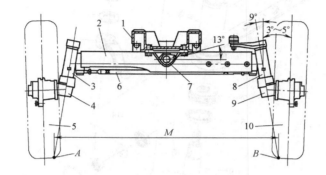

图 6-1 前轴总成
1—托架 2—前梁 3—左前梁臂 4—左转向节总成 5—左前轮
6—转向横拉杆总成 7—前梁摇摆轴 8—右前梁臂 9—右转向节总成 10—右前轮
A—左转向主销轴线接地点 B—右转向主销轴线接地点 M—左、右转向主销轴线接地点间的距离

如图 6-2 所示，整个前轴总成可分为三段：中间段的前梁 6、左段的左前梁臂 2 和右段的右前梁臂 7。左、右前梁臂 2 和 7 插入前梁 6 中，可通过不同的安装孔固定，形成不同的长度，用于调节前轮间的轮距。左、右转向节 1 和 9 分别从左、右前梁臂 2 和 7 的座孔下端穿入，上端露出，露出部分分别与左、右转向臂 3 和 8 相连接，左、右转向臂 3 和 8 接收来自转向系统的转向力，推动左、右转向节 1 和 9 绕座孔轴线旋转，从而实现拖拉机的转向行驶。

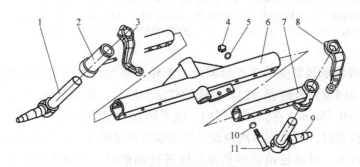

图 6-2 前轴主要组件的三维分解
1—左转向节 2—左前梁臂 3—左转向臂 4—前梁臂固定螺母 5—垫圈 6—前梁
7—右前梁臂 8—右转向臂 9—右转向节 10—前梁臂固定垫套 11—前梁臂固定螺栓

2. 转向节总成

（1）组成　如图6-3所示，转向节总成以左转向节9（转向节有左、右之分）为核心，其他零件都套装在其分叉的两根轴上：水平轴主要通过圆锥滚子轴承12和14支承前轮轮毂13（可参考图6-4），从而实现前轮的旋转；立轴主要套装左前梁臂5，并通过左前梁臂5和推力球轴承7承受来自拖拉机整机的重量。转向节立轴上端通过半圆键10套装有左转向臂4，由左转向臂4将来自转向系统的动力传递给转向节9，从而实现转向行驶。

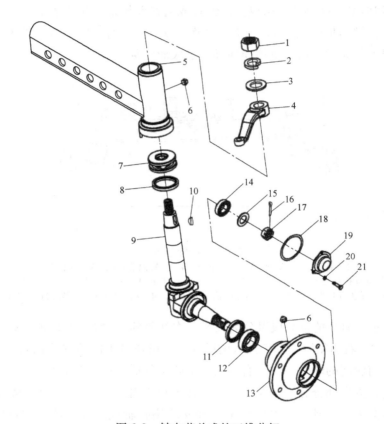

图6-3　转向节总成的三维分解

1—螺母　2、20—弹簧垫圈　3—立轴垫圈　4—左转向臂　5—左前梁臂　6—注油嘴
7—推力球轴承　8—立轴油封　9—左转向节　10—半圆键　11—油封　12、14—圆锥滚子轴承
13—前轮轮毂　15—垫片　16—开口销　17—槽形锁紧螺母　18—纸垫　19—轴承盖　21—螺栓

（2）前轮轮毂轴承预紧度的检查与调整　前轮轮毂轴承采用的是圆锥滚子轴承，必须保证有合适的轴向间隙，否则容易损坏并使前轮定位松旷，影响行驶安全。正常的前轮轮毂轴承间隙为0.05～0.15mm，在使用过程中，由于磨损，间隙会增大，需按使用说明书要求定期进行检查。检查时，将前轮顶离地面，沿轴线方向推动车轮，如能感到有轴向移动，应调整。如图6-4所示，对前轮轮毂轴承预紧度进行调整时，先拆下轴承盖19，拔出开口销16，将槽形锁紧螺母17拧到用手刚好旋转前轮有阻力感时，然后将槽形锁紧螺母17旋退回1/30～1/10圈，然后用开口销16锁紧（如果开口销1有损伤，应更换），安装上轴承盖19。

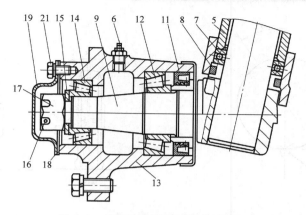

图6-4 前轮轮毂轴承预紧度的调整
注：图注同图6-3。

三、转向轮定位

为了使拖拉机能稳定地直线行驶和转向轻便，并减少在行驶中对轮胎和转向机件的磨损，转向轮、主销（转向节立轴）和前梁（四轮驱动型拖拉机应是前驱动桥半轴壳体）三者之间的安装应具有一定的相对位置，这种相对位置的安装关系，称为转向轮定位或前轮定位。

正确的转向轮定位应做到：可使拖拉机直线行驶稳定而不摆动；转向时，转向盘上的作用力不大；转向后，转向盘具有自动回正作用；轮胎与地面间不打滑，以减少油耗；延长轮胎的使用寿命。

转向轮定位主要有主销后倾、主销内倾、前轮外倾及前轮前束四个参数来保证。

1. 主销后倾

主销安装在前梁上，在纵向平面内（拖拉机侧面），其上端略向后倾斜，称为主销后倾。在纵向垂直平面内，主销轴线与垂线之间的夹角 γ 称为主销后倾角，如图6-5所示。

主销后倾后，主销轴线与路面的交点 a 位于车轮与路面接触点 b 之前，这样 b 点到 a 点之间就有一段垂直距离 l。当拖拉机转弯时（图6-5中，是向右转弯），拖拉机产生的离心力将引起路面对车轮施加侧向反作用力 F，F 通过 b 点作用在轮胎上，形成了绕主销的稳定力矩 $M = Fl$，其作用方向正好与车轮偏转方向相反，使车轮有恢复到原来中间位置的趋势。即使在拖拉机直线行驶偶尔遇到阻力使车轮偏转时，也有此种作用。由此可见，主销后倾的作用是保持拖拉机直线行驶的稳定性，并力图使转弯后的前轮自动回正。主销后倾角越大，行驶速度就越高，前轮的稳定性也就越强，但后倾角过大会造成转向盘沉重。拖拉机一般在田间作业，行驶速度较低，且工况也较为复杂，由于轮胎的变形，造成实际接地点的位置会在图6-5中的 a 点之后或之前，一般 γ 值取0°，使零件制造简单。

2. 主销内倾

主销安装在前梁上，在横向平面内，其上端略向内倾斜，称为主销内倾。在横向垂直平面内，主销轴线与垂线之间的夹角 β 称为主销内倾角，如图6-6所示。

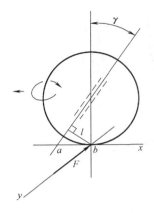

图 6-5　主销后倾示意

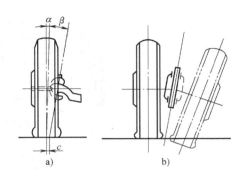

图 6-6　主销内倾和前轮外倾示意

主销内倾后，主销轴线延长线与地面的交点到车轮中心平面与地面交线的距离 c 减小（图 6-6a），转向时路面作用在转向轮上的阻力矩减小（因力臂 c 减小），从而可减小转向时驾驶人施加在转向盘上的力，使转向操纵轻便，也可减少从转向轮传递到转向盘上的冲击力。与此同时，当车轮转向或偏转时，车轮有向下陷入地平面的倾向（图 6-6b 所示为偏转180°时的极限状态）。但事实上这是不可能的，而只能使转向轮连同整个拖拉机前部向上抬起一个相应的高度，这样在拖拉机本身重力的作用下，迫使车轮自动回到原来的中间位置。由此可见，主销内倾的作用是使前轮自动回正，转向轻便。主销内倾角越大或前轮转角越大，则拖拉机前部抬起就越高，前轮的自动回正作用也就更明显，但不宜过大，否则会增加轮胎与路面的摩擦阻力，这不仅使转向变得很沉重，而且将加速轮胎磨损。

主销内倾角 β 控制在 5°～8° 之间为宜。主销后倾和主销内倾都有使汽车转向自动回正、保持直线行驶位置的作用。但主销后倾的回正作用与车速有关，而主销内倾的回正作用几乎与车速无关。因此，高速行驶时主销后倾的回正作用起主导地位，而低速行驶时则主要靠主销内倾起回正作用。此外，直线行驶时前轮偶尔遇到冲击面偏转时，也主要依靠主销内倾起回正作用。

3. 前轮外倾

前轮安装在前轮毂上，其旋转平面上方略向外倾斜，称为前轮外倾。前轮旋转平面与纵向垂直平面之间的夹角 α 称为前轮外倾角，如图 6-6a 所示。

前轮外倾的作用是提高了前轮的行驶安全性和操纵轻便性。由于主销与衬套之间、轮毂与轴承之间等都存在间隙，若空载时车轮垂直于地面，则满载后前梁将因承载而变形，可能出现车轮内倾，这样会加速轮胎的磨损。另外，地面对车轮的垂直反作用力沿轮毂的轴向分力将使轮毂压向轮毂外端的小轴承，加重了外端小轴承及轮毂紧固螺母的负荷，严重时使车轮脱出。因此，为了使轮胎磨损均匀和减轻轮毂外轴承的负荷，安装车轮时预先使车轮有一定的外倾角，以防止车轮出现内倾。同时，车轮有了外倾角也可以与拱形地面相适应。前轮外倾角大虽然对安全和操纵有利，但是过大的前轮外倾角将使轮胎横向偏磨增加，油耗增多，一般设定为 3° 左右。

4. 前轮前束

拖拉机两个前轮安装后，在通过车轮轴线并与地面平行的平面内，两车轮前端略向内偏斜，这种现象称为前轮前束。左、右两车轮间后方距离 A 与前方距离 B 之差 $(A-B)$ 称为前轮前束值，如图6-7所示。

前轮前束的作用是消除拖拉机行驶过程中，因前轮外倾而使两前轮前端向外张开的不利影响。由于前轮外倾，当车轮在地面上作纯滚动时，车轮将向外侧方向运动，实际上装在拖拉机上的两个前轮只能向正前方滚动，因而前

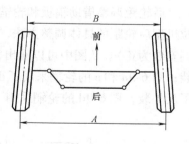

图6-7　前轮前束

轮外倾具有使两前轮向内侧滑动的作用。当两前轮具有前束时，两前轮在向前滚动时会产生向外侧滑动的趋势。这样，由外倾和前束使两前轮产生的滑动方向相反，可以相互抵消，使两前轮基本上纯滚动而无滑动地向前运动。此外，前轮前束还具有抵消滚动阻力造成的使两前轮前部都向外张开的作用，使两前轮基本上平行地向前滚动。

主销后倾角 γ、主销内倾角 β、车轮外倾角 α 及车轮前束 $A-B$ 总称为转向轮定位角。前三者由结构设计保证，基本上都做成不可调式，使用中无需调整，而前轮前束则需要进行调整。

四、轮距调整

因拖拉机需要满足不同的作业，所以需要有不同的轮距。例如：当耕作时，为了避免偏牵引，往往要求较窄的轮距；当中耕时，为了满足不同的垄距，就需要有不同的轮距与之相适应。

1. 前轮距调整

如图6-8所示，前轮距调整利用伸缩性套管进行有级调节，机型不同，调节范围和每级间隔也不同，应严格按产品的使用说明书操作。对前轮进行轮距调整时，先松开左前梁臂1和右前梁臂4的固定螺母2、横拉杆固定螺母10，然后拔出前梁臂固定螺栓6和横拉杆固定螺栓9，再同时移动左前梁臂1、右前梁臂4、转向内横拉杆11至需要的位置。调整结束后，装回固定螺栓和固定螺母，并拧紧。

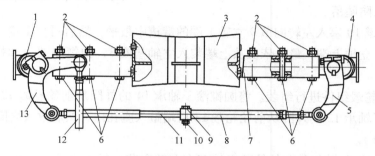

图6-8　前轮距调整

1—左前梁臂　2—前梁臂固定螺母　3—托架　4—右前梁臂　5—右转向节臂
6—前梁臂固定螺栓　7—前梁　8—转向外横拉杆　9—横拉杆固定螺栓
10—横拉杆固定螺母　11—转向内横拉杆　12—转向纵拉杆　13—左转向节臂

2. 后轮距调整

后轮距调整借助辐板和轮辋间的不同安装位置与方向进行有级调节。图 6-9 示出了某拖拉机型后轮距的具体调整方法，以图 6-9a 作为标准（辐板与轮辋方向为正，轮辋从辐板外侧安装为正）。从图中可以看出，图 6-9a 的辐板采用了正装，图 6-9b ~ e 的辐板则采用了反装；图 6-9a 和 e 的轮辋采用了正外装，而图 6-9b 的轮辋采用了反内装，图 6-9c 的轮辋采用了反外装，图 6-9d 的轮辋采用了正内装。

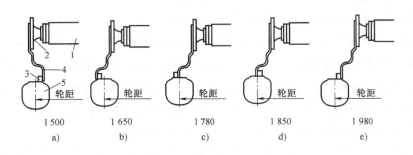

图 6-9　后轮距调整

1—最终传动壳体　2—驱动轴　3—轮辋安装耳　4—辐板　5—轮辋

任务实施

一、转向节在机拆装

转向节在机拆装参照图 6-3 和图 6-4 进行。

1. 转向节拆卸

转向节拆卸按与装配相反的步骤进行操作，让学生自行编写。

2. 转向节装配

1）将立轴油封涂油后轻轻敲入左转向节 9 立轴底部，注意不要装反（开口端朝上）和损坏，然后套入推力球轴承（内孔较小的滚道圈安装在下部）7。

2）将步骤 1）装好的组件从左前梁臂 5 的下端向上装入孔中，然后用支座从左转向节 9 最下端支起，以防坠落。

3）将半圆键 10 塞入左转向节 9 立轴上端的键槽中敲平，然后对准键槽，将左转向臂 4 敲入左转向节 9 立轴上端，最后依次从上端装入立轴垫圈 3、弹簧垫圈 2 和螺母 1，并拧紧螺母 1。

4）对前轮轮毂组件进行组装。将圆锥滚子轴承 14 的外圈从前轮轮毂 13 前端敲入座孔内，将圆锥滚子轴承 12 的外圈从前轮轮毂 13 后端敲入座孔内，然后放入内圈，最后装入油封（开口端朝外）。

5）将步骤 4）组装好的前轮轮毂组件套在左转向节 9 的水平轴上，从前端将圆锥滚子轴承 14 的内圈敲入其内。

6）装上垫片 15 和槽形锁紧螺母 17 并按要求进行轴承预紧度调整，最后插入开口销 16

进行锁止。

7）装上纸垫 18 和轴承盖 19，并用螺栓 21（含弹簧垫圈 20）固定。

8）按位置装上两个注油嘴 6，并加注规定的润滑脂。

二、前轮距调整

参照图 6-8 及其文字说明和教学机型的使用说明书，让学生自行编写调整步骤。

练习与思考

1. 转向轮定位有哪些参数？各有何作用？

2. 请查找资料，搜寻非书中所介绍的轮距调整方法。

3. 何谓转向轮定位？转向轮为什么要定位？

4. 四轮驱动型拖拉机的前驱动桥如何进行轮距调整？

任务 2 转向系统认知与拆装

任务要求

☞ 知识目标：

1）了解机械转向系统的组成。

2）掌握液压转向系统的组成及工作原理。

☞ 能力目标：

能正确对转向系统进行调整，能正确拆装液压转向器。

相关知识

在拖拉机中，驾驶人用以操纵，可使拖拉机正确转向并回位到直线行驶状态的一整套装置称为拖拉机转向系统。

转向系统的功用是按照驾驶人的意志使拖拉机能正确转向行驶。

拖拉机转向系统按动力源的不同可分为全液压转向系统和机械转向系统。现代中功率以上拖拉机大多采用全液压转向系统，操纵轻便，而机械转向系统现一般只用于小功率拖拉机。

一、机械转向系统

1. 组成

如图 6-10 所示，机械转向系统由转向盘 1、转向轴 2、转向器 3、转向摇臂 4、纵拉杆 7、转向节臂 8、左梯形臂 12、右梯形臂 9、横拉杆 10 和转向球接头 5 等组成，一般有横拉杆后置和横拉杆前置两种布置形式。横拉杆后置可有效保护横拉杆 10 免遭前方障碍物的碰伤，但会使拖拉机离地间隙减小；而横拉杆前置的效果则正好相反。

2. 工作原理

装有图 6-10 所示机械转向系统的拖拉机转向时，驾驶人转动转向盘，通过转向轴 2 将转向力矩输入转向器 3（转向器具有减速增矩作用）。经转向器 3 减速后的运动和增大后的转向力矩传到转向摇臂 4，再通过纵拉杆 7 传递给固定在右转向节 6 上的转向节臂 8，使右转向节 6 及装于其上的右转向轮绕右转向节立轴轴线偏转。左、右梯形臂 12 和 9 的一端分别固定在左、右转向节 13 和 6 上，另一端则与横拉杆 10 通过转向球接头 5 作球铰链连接。当右转向节 6 偏转时，经右梯形臂 9、横拉杆 10 和左梯形臂 12 的传递，左转向节 13 及装于其上的左转向轮随之绕左转向节立轴轴线同向偏转相应的角度。梯形臂、横拉杆 10 和前梁 13 构成转向梯形，其作用是在拖拉机转向时，使内、外转向轮按一定的规律进行偏转。

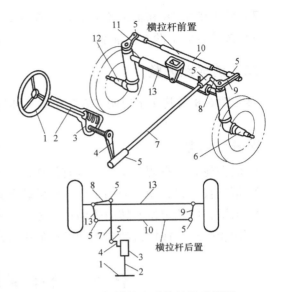

图 6-10 机械转向系统的组成简图
1—转向盘　2—转向轴　3—转向器
4—转向摇臂　5—转向球接头
6—右转向节　7—纵拉杆　8—转向节臂
9—右梯形臂　10—横拉杆
11—左梯形臂　12—左转向节　13—前梁

3. 球面蜗杆滚轮式转向器

球面蜗杆滚轮式转向器如图 6-11 所示。

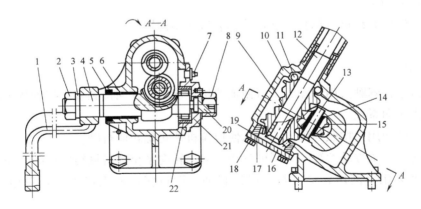

图 6-11 球面蜗杆滚轮式转向器
1—转向摇臂　2—螺母　3—弹簧垫圈　4—转向摇臂轴　5—密封圈　6—铜套
7—注油嘴　8—转向摇臂轴调整螺母　9—球面蜗杆　10—壳体　11、17、22—轴承
12—转向轴　13—滚轮轴　14—滚针　15—滚轮　16—下盖　18—螺栓
19—调整垫片　20—转向摇臂轴调整螺钉　21—转向摇臂轴端盖

（1）组成及工作原理　图 6-11 所示的球面蜗杆滚轮式转向器是小功率拖拉机上常用的转向器，它主要通过一对啮合副——球面蜗杆 9 和滚轮 15 进行减速增矩，其他组成零件主要包括使这对啮合副能正常工作的支承轴承、密封件、润滑件及调整件。滚轮 15 通过滚轮

轴 13 安装在转向摇臂轴 4 上,为减小摩擦,滚轮 15 和滚轮轴 13 之间装有滚针 14。转向时,来自转向盘的力经转向轴 12 传递给球面蜗杆 9 和滚轮 15,再经滚轮轴 13 传递给转向摇臂轴 4,转向摇臂轴 4 通过圆锥三角形花键联接再把动力传递给转向摇臂 1。

(2)蜗杆轴承预紧度调整 蜗杆轴承预紧度的调整方法是增减壳体 10 和下盖 16 之间的调整垫片 19 的厚度。要求不装转向摇臂轴总成时,转动转向盘的阻力矩为 0.49~0.98N·m。

(3)啮合间隙调整 在调整球面蜗杆 9 和滚轮 15 之间的啮合间隙时,应先调整好蜗杆轴承预紧度,且滚轮 15 应处于球面蜗杆 9 的中间位置。如果滚轮 15 与球面蜗杆 9 在两端啮合较紧,而在中间位置有较大的啮合间隙时,则表明球面蜗杆 9 与滚轮 15 磨损严重,应予以更换。调整时,将转向摇臂轴调整螺母 8 旋松,然后转动转向摇臂轴调整螺钉 20,顺时针转动啮合间隙减小,反之则增大。调整后,当滚轮 15 处在中间位置(即转向摇臂处于垂直位置)时,不得有啮合间隙,此时,转动转向盘的阻力矩应为 1.47~2.45N·m。

4. 转向球接头

转向球接头的作用是在转向杆件机构中,连接两个需要有空间运动的杆件,并传递沿杆件轴线方向的动力。在图 6-12 所示的转向球接头中,球头销 9 的一端呈球体状,它通过上球头座 6 和下球头座 7 安装在球接头体 1 内,既可以绕自身轴线旋转,也可以绕球心摆动。但因受球接头体 1 下端结构的限制,球头销 9 的摆动锥角被控制在允许范围内,所以可以传递推拉力。为防止球头销 9 在使用中磨损松动(转向系统不允许杆件连接间有明显的间隙,否则会造成转向不灵),在上球头座 6 上部安装有弹簧 3,如果使用中不能自动通过弹簧压力补偿且磨损量在允许范围内,则可以通过螺塞 5 进行压力调整。

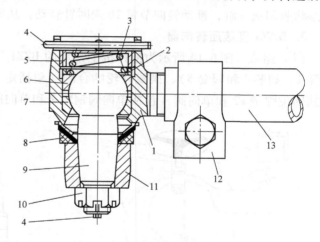

图 6-12 转向球接头
1—球接头体 2—限位套 3—弹簧 4—开口销
5—螺塞 6—上球头座 7—下球头座
8—密封圈 9—球头销 10—开槽螺母
11—梯形臂 12—卡箍 13—横拉杆

转向球接头也有制成不可拆卸式的,若损坏,直接予以更换。

二、液压转向系统

1. 组成

如图 6-13 所示,液压转向系统由液压系统和机械装置两部分组成。其中,液压系统由转向油罐 3(含滤清器)、转向液压泵 4(含调节阀)、转向阀进油管 5、转向阀 6(一般称为液压转向器)、左转向油管 7、转向液压缸 12、右转向油管 11 和转向阀回油管 8 等组成,用以实现转向行驶动力的提供和转向行驶方向的控制;机械装置由转向盘 2、转向轴 1、转向节臂 16、左梯形臂 14、右梯形臂 9、横拉杆 10、转向球接头 15 和 13 等组成，用以实现转向操纵，将液压力转变为机械力，并推动转向轮偏转。

2. 工作原理

转向液压泵 4 由发动机直接带动，从转向油罐 3 吸入低压油后产生高压油，若前方油路堵塞，则通过内部的溢流阀将油送回进油口，进行内部循环。

在图 6-13 所示的液压转向系统中，当转向盘 2 不转动时，转向阀 6 在回位弹簧的作用下处于中立位置，其内部通向左、右转向油管 7 和 11 的阀口均被关闭。此时，转向液压泵 4 来油到转向阀 6 后，又经转向阀回油管 8 流回油箱。

当转向盘 2 右转时，转向阀进油管 5 与右转向油管 11 连通，转向液压缸 12 右腔进油（从拖拉机后方向前方看）；转向阀回油管 8 与左转向油管 7 连通，转向液压缸 12 左腔回油。此时，转向液压缸 12 的活塞将从液压缸内伸出，推动转向节臂 16 顺时针转动，从而使拖拉机向右转向。

当转向盘 2 左转时，转向阀进油管 5 与左转向油管 7 连通，转向液压缸 12 左腔进油；转向阀回油管 8 与右转向油管 11 连通，转向液压缸 12 右腔回油。此时，转向液压缸 12 的活塞将收回液压缸，推动转向节臂 16 逆时针转动，从而使拖拉机向左转向。

3. BZZ1 型液压转向器

（1）组成　图 6-14 所示为拖拉机上常用的 BZZ1 型液压转向器，主要由随动阀（包括阀体 1、阀芯 4 和阀套 5）、摆线针轮啮合副（包括定子 8 和转子 9）、联动轴 6、拨销 11、片式回位弹簧 12 和单向阀（包括单向阀钢球 2 和单向阀弹簧 3）等组成。

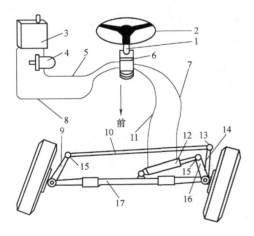

图 6-13　液压转向系统组成简图
1—转向轴　2—转向盘　3—转向油罐　4—转向液压泵
5—转向阀进油管　6—转向阀　7—左转向油管
8—转向阀回油管　9—右梯形臂　10—横拉杆
11—右转向油管　12—转向液压缸　13—左旋转转向球接头
14—左梯形臂　15—右旋转转向球接头　16—转向节臂　17—前梁

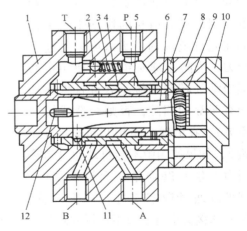

图 6-14　拖拉机上常用的 BZZ1 型液压转向器
1—阀体　2—单向阀钢球　3—单向阀弹簧　4—阀芯
5—阀套　6—联动轴　7—配油盘　8—定子　9—转子
10—后盖　11—拨销　12—片式回位弹簧
T—回油口　P—进油口　A、B—出油口

图 6-14 和图 6-15 所示的 BZZ1 型液压转向器由阀芯 4、阀套 5 和阀体 1 组成的旋转随动阀控制油流的方向，阀芯 4 直接与转向盘转向柱连接。由转子 9 和定子 8 组成的摆线针轮啮

合副在动力转向时起计量泵的作用，保证流入转向液压缸的油量与转向盘的转角成正比，在人力转向时相当于手动液压泵。连接转子9和阀套5的联动轴6及拨销11，在动力转向时保证阀套5与转子9同步，在人力转向时起传递转矩的作用。片式回位弹簧12的作用是确保不转向时伺服阀回到中立位置。位于进油口P和回油口T之间的单向阀，在人力转向时把转向液压缸一腔的油经回油口T吸入进油口P，然后通过摆线针轮啮合副压入转向液压缸的另一腔，而在动力转向时确保油液不从进油口P直接流向回油口T。

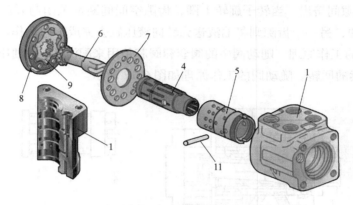

图6-15　BZZ1型液压转向器主要组件三维分解
注：图注同图6-14。

（2）摆线针轮啮合副的工作原理　如图6-16所示，转子有6个短幅外摆线等距曲线齿廓，定子包括7个圆弧针齿齿形。定子固定不动，转子以偏心距 e 作为半径绕定子中心转动，不论在任何瞬时都形成7个封闭容腔，转子本身自转与转子绕定子中心公转的速比为1:6，方向相反。

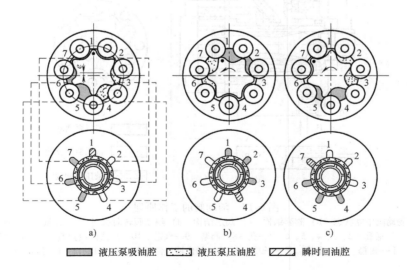

■ 液压泵吸油腔　■ 液压泵压油腔　■ 瞬时回油腔

图6-16　摆线针轮啮合副的工作原理
a）零位　b）1/14转　c）1/7转
1、2、3、4、5、6、7—齿隙　e—转子偏心距

图6-16a、b、c分别表示转子的三个不同的工作位置及相应的齿隙油腔变化情况。如图6-16a所示，有标记"·"的齿正好在中心线上，此时齿隙5、6、7为吸油腔，齿隙2、3、4为压油腔；如图6-16b所示，当旋转1/14转时，齿隙1、2、3为吸油腔，齿隙5、6、7为压油腔；如图6-16c所示，当旋转1/7转时，齿隙4、5、6为吸油腔，齿隙1、2、3为压油腔。因此，每当转动1/7转，吸油腔转动6/7转，也就是每当转子沿某方向自身旋转1圈，高压腔沿相反方向旋转6圈，转子公转1圈，液压油从7个齿隙间挤出；转子自转1圈，油从6×7=42个齿隙间挤出。当转子旋转1圈，齿隙空间间断地关闭与开启，半数的齿隙在高压油作用下吸油，另一半齿隙则将油液送到转向液压缸去完成转向动作。

（3）随动阀的工作原理　随动阀中的阀套和阀芯是用来配流的，使油压能与转子同步变化，从而形成连续的回转。随动阀的工作原理如图6-17所示。

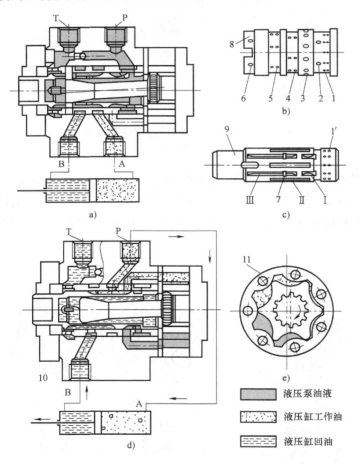

图6-17　随动阀的工作原理
a）随动阀中立状态　b）阀套结构　c）阀芯结构　d）随动阀转向状态　e）计量泵工作状态
1、1′—通孔　2、3、4、5、6、7—孔　8—阀套　9—阀芯　10—片式回位弹簧　11—计量泵
Ⅰ—短槽　Ⅱ—中槽　Ⅲ—长槽　A、B—转向液压缸油腔　T—回油口　P—进油口

当转向盘在中立位置时，在片式回位弹簧10的作用下，阀套8的通孔1和阀芯9通孔1′是相通的，高压油通过通孔1经通孔1′进入阀芯9上的孔7和长槽Ⅲ，再返回阀套8上的

孔 6 流回油箱，此时转向液压缸的两腔均关闭，如图 6-17a 所示。

当转向盘旋转时，阀芯 9 随之转动，并压缩片式回位弹簧 10。当旋转 1.5°时，开始打开通往转向液压缸的阀口，直至 6°～7°时全部打开。当旋转至 4°～7°后，还将关闭中间位置，关闭通孔 1 与 1′，来自液压泵的液压油通过阀套 8 的孔 2 进入阀芯的短槽 Ⅰ。此时，阀套 8 上的孔 3 中有 3 个与阀芯 9 的短槽 Ⅰ 相通，另外 3 个与阀芯的中槽 Ⅱ 相通，因而液压油先后通过孔 2、短槽 Ⅰ 与孔 3 进入计量泵 11 驱使转子回转。由于转子回转将齿隙中的油液加压，使得它们通过孔 3 和中槽 Ⅱ、孔 4 进入转向液压缸的油腔 A。此时，油腔 B 的油液经孔 5 和长槽 Ⅲ、孔 6 流回油箱，如图 6-17d 所示。当反方向旋转转向盘时，转向液压缸油腔 A 的油液经孔 4 和长槽 Ⅲ、孔 6 流回油箱，而油腔 B 则因液压油经中槽 Ⅱ 与孔 5 进入油腔 B，使油腔 B 成为工作腔。

当转子旋转时，带动与转子连接在一起的联轴器和拨销使阀套 8 作同步转动，直至转子的转角与转向盘的转角相等时，片式回位弹簧 10 使阀套 8 回到中立位置，并停止配油。当转向盘连续旋转时，液压转向器将使与转向盘旋转角度成比例的油量送入转向液压缸，从而完成转向动作，此时转子与定子起了计量泵 11 的作用，如图 6-17e 所示。

当发动机熄火时，液压泵停止工作，转向盘通过阀芯 9、阀套 8 和联轴器驱动转子转动。此时转子与定子相当于一个手动计量泵，将转向液压缸一腔的油液经油管和单向阀吸入，然后挤入转向液压缸的另一腔，从而执行熄火后的转向动作。

 任务实施

1. BZZ1 型液压转向器的拆卸

BZZ1 型液压转向器的拆卸步骤对照图 6-14 进行，根据装配步骤自行编写。

2. BZZ1 型液压转向器的装配

对照图 6-14，BZZ1 型液压转向器的装配步骤如下：

1）将阀体 1 的 4 个螺孔面朝上。

2）将阀芯 4、阀套 5、弹簧片和拨销 11 装配好。

3）将装配好的阀芯 4 和阀套 5 装入阀体 1。

4）装上推力滚针轴承，大滚道先装入，在下部。

5）装上已装好密封圈的前盖，并用螺钉拧紧。

6）将已装好的组件翻转过来，底部向上，装上密封圈，再将钢球放入通向进油口 P 的螺孔中。

7）放上配油盘 7，将孔对齐；装上联动轴 6，将联动轴叉口卡住拨销 11；装上转、定子副。

⚠ 注意：
联动轴 6 上的标记点，对好转子 9 的凹槽。

8）装上限位柱及密封圈，装上后盖 10、组合垫及螺栓，带销螺栓应装在已装有钢球的螺孔中。

练习与思考

1. 机械转向系统由哪些主要件组成？

2. 液压转向系统由哪些主要件组成？

3. 请简述 BZZ1 型液压转向器的工作原理。

4. 如果图 6-12 所示的转向球接头磨损严重或生锈卡滞，分析将分别造成何种转向后果？

【项目描述】

本项目主要针对典型三点悬挂机构、高度调节液压系统、位调节与力位综合调节液压系统和力位独立调节液压系统进行认知、拆装、工作原理及工作过程分析，为液压悬挂系统的维护与故障诊断奠定基础。

【项目目标】

1）能正确拆装与调节三点悬挂机构。

2）能对本项目所涉及的高度调节液压系统、位调节与力位综合调节液压系统和力位独立调节液压系统的工作过程进行分析。

3）借助使用说明书及零件图册，能正确拆装与本项目案例相类似的高度调节液压系统、位调节与力位综合调节液压系统和力位独立调节液压系统。

任务1　三点悬挂机构和高度调节液压系统认知与拆装

》》》任务要求

☞知识目标：

1）了解液压悬挂系统的组成及功用、农机具耕作深度控制形式和液压系统组成形式。

2）掌握三点悬挂机构的组成、调节原理及安装农机具时的注意事项。

3）掌握高度调节液压系统的组成及工作原理。

☞能力目标：

1）能正确拆装与调节三点悬挂机构。

2）能正确拆装高度调节液压系统提升器，并能分析其工作过程。

》》》相关知识

一、液压悬挂系统的功用和组成

用液压方式提升和控制拖拉机配套农机具的整套装置称为液压悬挂系统。液压悬挂系统的功用如下：

1）连接和牵引农机具。

2）操纵农机具进行升降，控制农机具的耕作深度或提升高度。

3）给拖拉机驱动轮增重，以改善拖拉机的附着性能。

4）把液压能输出到农机具上进行其他操作。

如图7-1所示，液压悬挂系统主要由液压系统（主要包括油箱1、滤清器2、油泵3、油管4、控制阀5和油缸9）、操纵机构6和悬挂机构7三部分组成。

二、三点悬挂机构

1. 组成及工作原理

悬挂机构用来连接农机具，传递液压升降力和拖拉机对农机具的牵引力，并保持农机具的正确工作位置。国内拖拉机采用三点悬挂机构。

如图7-2所示，三点悬挂机构主要由提升轴1、提升臂2和9、提升杆4和8、上拉杆3、下拉杆6和7组成。

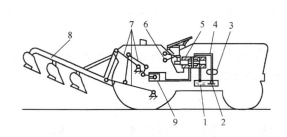

图7-1　液压悬挂系统的组成示意
1—油箱　2—滤清器　3—油泵　4—油管　5—控制阀
6—操纵机构　7—悬挂机构　8—农机具　9—油缸

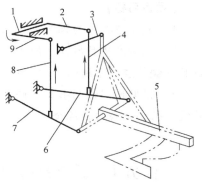

图7-2　三点悬挂机构的组成示意
1—提升轴　2—右提升臂　3—上拉杆
4—右提升杆　5—型　6—右下拉杆
7—左下拉杆　8—左提升杆　9—左提升臂

农机具通过上拉杆3、两根下拉杆6和7与拖拉机连接。来自油缸的动力使提升轴1和固定在两端的提升臂逆时针转动，再通过提升杆带动下拉杆向上将农机具提升到需要的高度。农机具靠自重下降。

图7-3所示为三点悬挂机构杆件实物连接。

2. 各杆件的功用

（1）上拉杆　上拉杆的功用：将农机具与拖拉机机体相连；通过拉长或缩短上拉杆，可将配套农机具的角度调节到所需的位置，从而调节农机具的前后水平或入

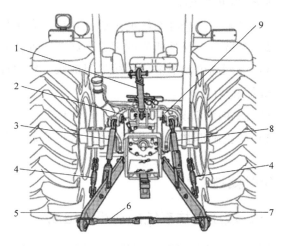

图7-3　三点悬挂机构杆件实物连接
1—上拉杆　2—左提升臂　3—左提升杆
4—限位链　5—左下拉杆　6—限位拉杆
7—右下拉杆　8—右提升杆　9—右提升臂

土角度。上拉杆两端的螺纹长度必须始终保持相同，并保证一定的旋合度，以防因联接强度不够而拉脱。

（2）提升杆　提升杆的功用：将来自提升臂的动力传递给下拉杆；通过转动提升杆可以改变其长度，从而调节农机具的左右水平。调节提升杆的长度时，勿超出提升杆螺纹上的槽口，否则会脱落。

（3）下拉杆　下拉杆的功用：将农机具与拖拉机机体相连，并拉动农机具前进；接收提升杆传来的提升动力，使农机具提升。

（4）限位链　限位链的功用：调节螺钉以控制配套农机具的水平摆动，调节后要拧紧锁紧螺母。

三、农机具耕作深度控制形式

（1）高度调节　高度调节是指农机具靠限深轮对地面的仿形来维持一定的耕作深度。只有改变地轮与农机具工作部件底平面之间相对位置才可改变耕作深度。当土壤比阻一致时，用高度调节法可得到均匀的耕作深度。如图7-4所示，如果土质不均匀，则地轮在松软土壤上下陷较深，使耕作深度增加。高度调节时，油缸活塞处于浮动状态，不受液压油的压力作用，悬挂机构各杆件可以在机组纵向垂直平面内自由摆动。农机具的重量大部分由地轮承受，增加了农机具的阻力。

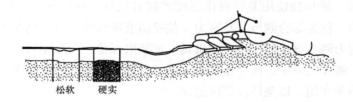

图7-4　高度调节时耕作深度的变化情况

（2）位调节　位调节是指农机具靠液压力悬吊在一定位置。这个位置可由驾驶员移动操纵手柄任意选定。在工作过程中，农机具相对于拖拉机的位置是固定不变的。如果油缸有泄漏，农机具位置发生变动，则通过提升轴的转动和凸轮上升程的变化反映到液压系统，使农机具提升，自动恢复到原来位置。如图7-5所示，位调节时，如果地面平坦而土质变化较大，同时耕作深度还是均匀一致的，只是牵引阻力变化大，使发动机负荷发生波动；如果地面起伏不平，则随着拖拉机的倾斜起伏，会使耕作深度很不均匀。位调节一般用于要求保持一定离地高度的农机具，不太适宜于耕地。采用位调节时，也有减小农机具阻力和使拖拉机驱动轮增重的作用。

（3）力调节　力调节是指农机具靠液压力维持在某一工作状态，并有相应的牵引阻力。牵引阻力的变化可通过力调节传感机构迅速地反映到液压系统，适时升、降农机具，使牵引阻力基本上保持一定，因而使发动机负荷波动不大。当阻力变化主要是由地面起伏而引起的时，力调节法可使耕作深度比较均匀，发动机负荷也比较均匀。如图7-6所示，当阻力变化主要是由于土壤比阻变化而引起的时，采用力调节法仅使发动机负荷波动不大，但耕作深度

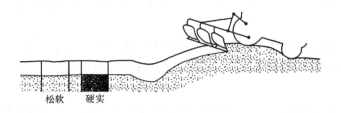

图 7-5   位调节时耕作深度的变化情况

不均匀。力调节时，农机具不用地轮，减小了农机具的阻力，并对拖拉机驱动轮有增重作用，提高了拖拉机的牵引附着性能。

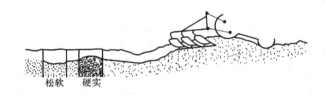

图 7-6   力调节时耕作深度的变化情况

（4）综合调节   除单独使用某种耕作深度控制方法外，还可把高度调节、位调节或力调节综合起来使用，称为综合调节。具有力、位控制液压系统的拖拉机在土质软硬不均的旱田上耕作时，采用力调节方法耕作可在农机具上加装限深轮，限深轮的位置调整到稍大于所要求的耕作深度。耕作过程中，当土壤阻力大时，力调节液压系统即起作用；当土壤阻力小时，限深轮可起限深作用，以免耕作深度过深。

四、高度调节液压系统

1. 液压系统结构形式

根据液压泵、液压缸和分配器（控制阀之一）三个主要液压元件在拖拉机上安装位置的不同，液压系统可分为分置式液压系统、半分置式液压系统和整体式液压系统三种。

（1）分置式   分置式液压系统是指将液压系统各元件（油箱、液压泵、分配器和液压缸等）分别布置在拖拉机不同的部位，并用油管连接。

（2）半分置式   半分置式液压系统是指将油泵单独布置，而其他液压元件及操纵机构等装配成一体，称为提升器总成。

（3）整体式   整体式液压系统是指将全部液压系统元件和操纵机构组成一个整体，即提升器装在后驱动桥壳体内。

2. 组成

图 7-7 所示的高度调节液压系统即采用了半分置式液压系统，除了分配器 5 外，还有农机具下降调节阀 10 和液压缸安全阀 11，这两个阀安装在一起，都集成在油缸盖中。

如图 7-7b 所示，分配器中的主控制阀 9 有三个位置，即中立、提升和下降，用于控制农机具的提升；系统安全阀 8 用于调定系统安全压力，当系统安全压力高于设定值时，它会自动卸荷；单向阀 7 用于防止进入液压缸 6 的液压油倒流；农机具下降时，靠自重将液压缸 6 内的油液经农机具下降调节阀 10 油路压回油箱，通过农机具下降调节阀 10 可以调节农机具的下降速度；液压缸安全阀 11 用于防止农机具的反作用力作用到液压缸活塞上，使油缸内的油压过大。当进行高度调节作业时，主控制阀 9 应处于下降位置，液压缸 6 始终保持卸压状态，农机具靠限深轮的仿形自动升降。

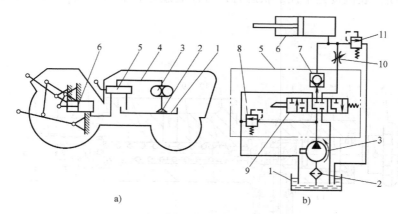

图 7-7　高度调节液压系统的组成
a）液压系统简图　b）液压系统油路简图
1—油箱　2—滤清器　3—液压泵　4—油管　5—滑阀式简单分配器　6—液压缸
7—单向阀　8—系统安全阀　9—主控制阀　10—农机具下降调节阀　11—液压缸安全阀

3. 滑阀式简单分配器

在图 7-8 所示的滑阀式简单分配器中，主控制阀 3 有提升、中立和下降三个位置。当主控制阀 3 处于中立位置时（图 7-8 所示位置），液压泵来油从油道 A 进入，经主控制阀缺口 E 进入后腔，再经油箱油道 D 流回油箱。此时，与提升液压缸相连的液压缸油道 B 堵塞。当主控制阀 3 处于下降位置时，液压泵油道 A 与油箱油道 D 仍连通，液压泵来油进入油箱，而液压缸油道 B 与分配器前腔 C 连通。此时，液压缸中的油液在农机具重力的作用下经液压缸油道 B、分配器前腔 C 和油箱油道 D 流回油箱，农机具下降。当主控制阀 3 处于提升位置时，液压泵油道 A 与油箱油道 D 堵塞，而液压泵油道 A 和液压缸油道 B 连通，液压泵来油进入液压缸，从而提升农机具。

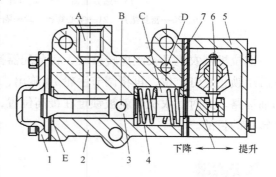

图 7-8　滑阀式简单分配器
1—端盖　2—壳体　3—主控制阀
4—主控制阀回位弹簧　5—拨叉盒
6—主控制阀拨杆　7—垫板
A—液压泵油道　B—液压缸油道
C—分配器前腔　D—油箱油道
E—主控制阀缺口

4. 农机具下降速度调节阀

图 7-9 所示为农机具下降速度调节阀，旋动其调节手轮 18 可改变农机具下降速度的快慢。保持合适的下降速度，可防止农机具因下降速度过快，与地面激烈地冲击而损坏。调节手轮 18 直接控制液压缸盖 7 上的下降速度调节阀 11，顺时针旋进调节手轮 18，通过调节杆 15 和下降速度调节阀 11 顶开钢球 10，开始时调节阀开度变大，农机具下降速度先变快，随后调节阀开度变小，农机具下降速度减慢，最后调节阀完全关闭，农机具处于锁定状态。当调节阀完全关闭，农机具处于锁定状态时，可以通过空心螺栓 21 连接外置液压元件，从而实现液压输出。

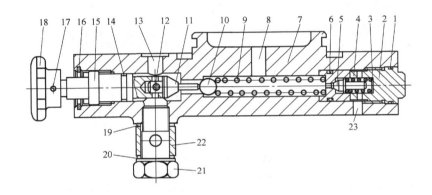

图 7-9　农机具下降速度调节阀

1、6、14—O 形圈　2—液压缸安全阀螺塞　3—液压缸安全阀调整垫片
4—液压缸安全阀弹簧　5—液压缸安全阀　7—液压缸盖　8—通液压缸
9—调节阀弹簧　10—钢球　11—下降速度调节阀　12、17—销
13—通分配器　15—调节杆　16—挡圈　18—调节手轮
19、20—密封垫片　21—空心螺栓　22—隔套（或外置液压元件油管）　23—通油箱

拖拉机带农机具长距离转移时，将分配器操纵手柄置于提升位置，提升农机具到最高位置后用锁止螺钉定位，再将调节手轮 18 旋出，使钢球 10 在液压缸油压的作用下落座，阻断回油油路。此时，农机具就被锁定在最高位置，起到液压锁的作用，从而达到拖拉机机组安全转移的目的。

>> **任务实施**

1. 农机具下降速度调节阀的拆装

参照图 7-10 所示的农机具下降速度调节阀三维分解图自行编写拆装步骤，并进行拆装。

2. 滑阀式简单分配器的拆装

参照图 7-11 所示的滑阀式简单分配器三维分解图自行编写拆装步骤，并进行拆装。

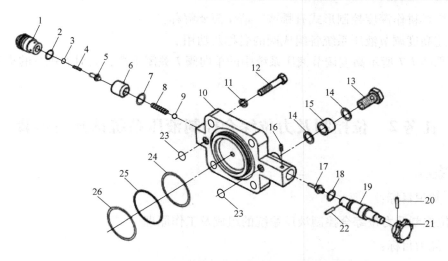

图 7-10　农机具下降速度调节阀三维分解图

1—螺塞　2、7、18、23、24、26—O 形圈　3—调整垫片　4—弹簧　5—阀体　6—阀座
8—调节阀弹簧　9—钢球　10—液压缸盖　11—弹簧垫圈　12—螺栓　13—空心螺栓
14—密封垫　15—隔套　16—螺钉　17—调节阀　19—调节杆　20—弹性圆柱销
21—手轮　22—圆柱销　25—液压缸盖挡圈

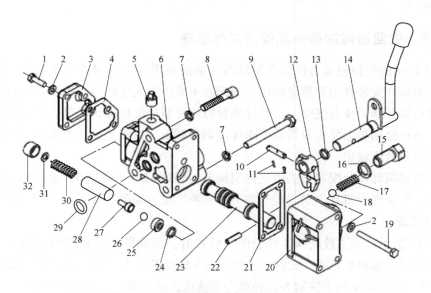

图 7-11　滑阀式简单分配器三维分解图

1、9、19—螺栓　2、7—弹簧垫圈　3—端盖　4—端盖纸垫　5—管堵　6—分配器壳体　8—螺钉
10—圆柱销　11—开口销　12—拨叉　13、24、29—O 形圈　14—操纵杆　15—定位螺钉
16—密封垫　17—定位弹簧　18、26—钢球　20—拨叉盒　21—拨叉盒纸垫　22—弹性销
23—主控制阀　25—垫块　27—球座　28—套管　30—安全阀弹簧　31—调整垫片　32—螺塞

▶▶ 练习与思考

1. 液压悬挂系统由哪些主要杆件和液压元件组成?

2. 各悬挂杆件的主要作用是什么?

3. 农机具耕作深度控制形式有哪些？请作简要解释。

4. 简述高度调节液压系统各组成阀的名称及功用。

5. 如果图7-7所示高度调节液压系统中的单向阀7关闭不严，会对农机具的提升造成何种影响？

任务2 位控制及力位综合控制液压系统认知与拆装

》》》**任务要求**

☞ 知识目标：

掌握位控制及力位综合控制液压系统的组成及工作原理。

☞ 能力目标：

能正确拆装先导式回油阀卸荷分配器，并能对位控制及力位综合控制液压系统的操纵与控制件进行正确的调整。

》》》**相关知识**

一、先导式回油阀卸荷分配器的工作原理

图7-12所示的位控制及力位综合控制液压系统采用了半分置式布置形式，其液压缸7采用缸套式结构并安装在提升器壳体内，分配器4采用了先导式回油阀卸荷分配器并作为独立部件装在提升器壳体右侧壁上，通过外置力位控制反馈机构5实现耕作深度的位调节和综合调节。液压缸端头上装有农机具下降速度调节阀6（含液压输出接头），以实现农机具下降速度控制和液压输出。

先导式回油阀卸荷分配器主要由主控制阀3、回油阀2、下降阀6、单向阀4和系统安全阀9等组成，可实现农机具中立、提升和下降三种工况，如图7-13～图7-15所示。

1. 中立工况

如图7-13所示，当主控制阀3处于中立位置时，回油阀2的背腔经油道A、排油口C和推销7的油槽与油箱8相通。此时，主控制阀3的提升口N关闭，液压泵来油推开回油阀2流回油箱8。单向阀4和下降阀6在弹簧力和液压缸液压油压力的作用下关闭。

2. 提升工况

如图7-14所示，当主控制阀3向右移动处于提升位置时，提升口N打开，排油口C关闭，液压泵来油经回油阀背腔油道A进入回油阀2的背腔，回油阀2在弹簧弹力和液压油压力的作用下关闭。此时，下降阀6处于关闭位置，液压泵来油推开单向阀4进入液压缸，从而提升农机具。

3. 下降工况

如图7-15所示，当主控制阀3向左移动处于下降位置时，回油阀背腔油道A仍与油箱8相通，液压泵来油仍顶开回油阀2流回油箱8，单向阀4在弹簧弹力和油缸液压油压力的

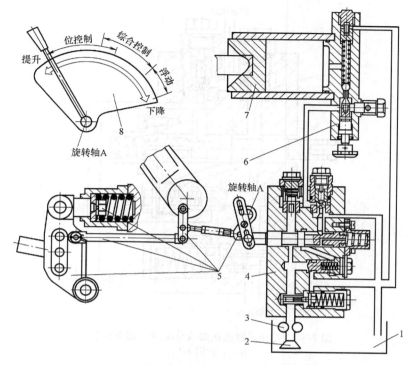

图 7-12　位控制及力位综合控制液压系统组成示意图
1—油箱　2—滤清器　3—液压泵　4—分配器　5—力位控制反馈机构
6—农机具下降速度调节阀　7—液压缸　8—操纵机构

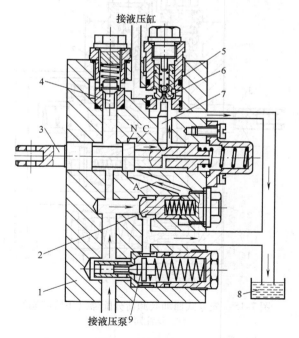

图 7-13　先导式回油阀卸荷分配器（中立状态）
1—壳体　2—回油阀　3—主控制阀　4—单向阀　5—先导球阀　6—下降阀　7—推销
8—油箱　9—系统安全阀　A—回油阀背腔油道　C—排油口　N—提升口

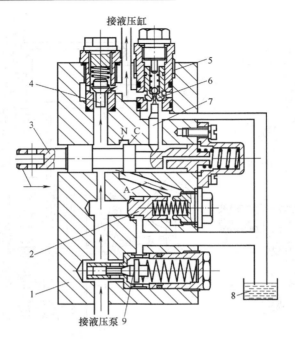

图 7-14　先导式回油阀卸荷分配器（提升状态）

注：图注同 7-13。

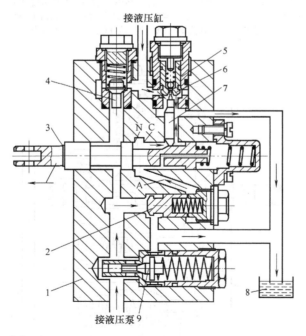

图 7-15　先导式回油阀卸荷分配器（下降状态）

注：图注同 7-13。

作用下仍关闭。此时，主控制阀 3 上的斜面抬起推销 7，将下降阀 6 的先导球阀 5 顶开，下降阀 6 在液压缸液压油的作用下开启，液压缸中的油液经下降阀 6 流回油箱 8，使农机具下降。先导式回油阀卸荷分配器采用下降阀 6 密封液压缸的油液，与主控制阀 3 无关，因此下降油路的密封性较好。

二、位控制及力位综合控制液压系统的操纵及控制

位控制及力位综合控制液压系统的操纵机构如图 7-16 所示。

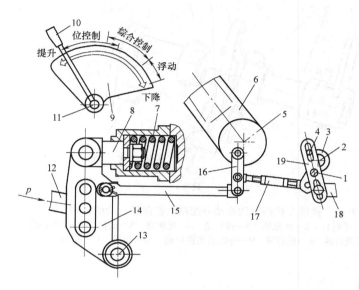

图 7-16　位控制及力位综合控制液压系统的操纵机构
1—反馈臂销　2—操纵臂/反馈臂固定旋转点　3—反馈臂　4—操纵臂　5——提升臂固定旋转点
6—提升臂　7—力调节弹簧　8—力调节传感接头　9—扇形板　10—操纵手柄　11—操作臂固定旋转点
12—上拉杆　13—上拉杆座架固定旋转点　14—上拉杆座架　15—力调节反馈杆
16—位调节反馈臂　17—调节杆　18—分配器主控制阀　19—摆杆

1. 位控制

当农机具处于位控制的最高提升中立位置时，操纵手柄 10 置于扇形板 9 的最高提升位置。此时，分配器主控制阀 18 处于中立位置，下降阀和单向阀关闭，回油阀开启。

当下降农机具时，将操纵手柄 10 向下降方向转动，固定在手柄轴上的操纵臂 4 随之顺时针转动，并带动摆杆 19 以反馈臂 3 上的反馈臂销 1 作为支点也顺时针转动，使分配器主控制阀 18 外移（左移）至下降位置，下降阀打开，农机具开始下降。随着农机具的逐渐下降，提升臂 6 逆时针转动，带动位调节反馈臂 16 整体向右移动，并推动调节杆 17，在调节杆 17 的作用下，使反馈臂 3 逆时针转动，带动摆杆 19 以操纵臂 4 作为支点也逆时针转动，推动分配器主控制阀 18 向右移动，直至中立位置。此时，农机具就停留在与操纵手柄 10 相对应的位置上。

当提升农机具时，操纵手柄 10 向提升方向转动，带动操纵臂 4 绕固定支点逆时针转动。此时，摆杆 19 以反馈臂 3 上的反馈臂销 1 作为支点也随之一起逆时针转动，推动分配器主控制阀 18 向提升方向（向右）移动，使回油阀和下降阀关闭，单向阀打开，液压泵来油进入油缸，从而提升农机具。

随着农机具的逐渐提升，提升臂 6 随之逆时针转动，带动位调节反馈臂 16 整体向左移动，同时也带着调节杆 17 移动，在调节杆 17 的作用下进一步通过反馈臂 3 和摆杆 19 使分配器主控制阀 18 向左移动，直到中立位置。

操纵及控制机构推动分配器主控制阀运动的结构如图 7-17 所示。

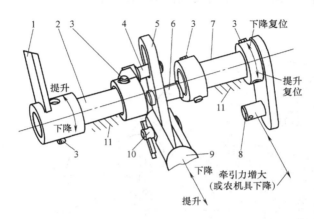

图 7-17　操纵及控制机构推动分配器主控制阀运动的结构
1—操纵杆（手柄）　2—操纵轴　3—弹性销　4—操纵臂　5—摆杆　6—反馈小臂
7—反馈臂轴　8—反馈臂　9—分配器主控制阀　10—销轴　11—壳体

2. 力、位综合控制

将图 7-16 中的操纵手柄 10 放置在扇形板 9 所示的综合控制区域某一具体位置，其操作变化与位控制相同。

耕作时，农机具下降到入土，随着耕作深度的不断增加，上拉杆 12 就承受逐渐增加的压力 p，在压力 p 的作用下，上拉杆座架 14 克服力调节弹簧 7 的弹力，推动力调节反馈杆 15、位调节反馈臂 16 整体向右移动；同时，由于农机具下降，提升臂 6 逆时针转动，从而也带动位调节反馈臂 16 整体向右移动，最终通过调节杆 17、反馈臂 3 和摆杆 19 使分配器主控制阀 18 向中立位置移动，直至完全复位，农机具就停在与操纵手柄 10 相对应的耕作深度位置上。

在耕作过程中，如果遇到土壤阻力增加，则会使作用在上拉杆 12 上的压力 p 增大。这时，由于力调节弹簧 7 变形增加，经上拉杆座架 14、力调节反馈杆 15、位调节反馈臂 16、调节杆 17、反馈臂 3 和摆杆 19，使分配器主控制阀 18 向右移动，直到分配器主控制阀 18 处于提升位置，从而使农机具提升。随着农机具的提升，提升臂 6 顺时针转动，使位调节反馈臂 16 整体向左移动；同时，由于农机具的提升，使上拉杆 12 上所受的压力 p 也减小，力调节弹簧 7 的变形量减少，上拉杆座架 14 就带动力调节反馈杆 15 使位调节反馈臂 16 也整体向左移动。在这两种情况的共同作用下，又使分配器主控制阀 18 移回中立位置，此时农机具停止提升，从而在新的位置上达到新的平衡。

相反，当土壤阻力变小时，则作用在上拉杆 12 上的压力 p 就会减小，力调节弹簧 7 的变形量也就减少，上拉杆座架 14 就带动力调节反馈杆 15 使位调节反馈臂 16 整体向左移动，并通过调节杆 17、反馈臂 3 和摆杆 19 使分配器主控制阀 18 向左移动，直到主控制阀处于下降位置，农机具开始下降。

3. 浮动控制

对于带有限深轮的农机具，通常采用浮动控制，这种控制方式下操纵手柄 10 应放在浮动范围内。此时，由于地轮的限制，分配器不能回到下降中立位置，而一直处于下降位置，油缸活塞处于浮动状态，农机具的耕作深度随着地轮在地面上进行仿形状态变化。

4. 液压输出

如图 7-12 所示，要进行液压输出时，可通过顺时针旋转农机具下降速度调节阀 6 的调节手轮，使调节阀杆顶住调节阀体，把液压缸 7 的进、出油道堵死，同时将悬挂杆件放到下面位置，再将手柄放在最高提升位置。由于液压缸 7 的进油道被堵死，液压泵来油经单向阀以及液压输出口进入外置液压元件，从而达到液压输出的目的。当手柄转到下降位置时，液压泵来油就经回油阀流回油箱 1，不再向外进行液压输出（可参见图 7-9 所示的农机具下降速度调节阀）。

三、位控制及力位综合控制液压系统的调整

1. 提升器的调整

拖拉机出厂时，提升器已调整好，用户一般无需调整。但在使用过程中，由于杆件传动副的磨损和紧固件的松动，提升器原始调整状态会被破坏而引起工作不正常，或提升器修理完毕进行装配后，均需进行提升器的调整。图 7-18 所示位控制及力位综合控制液压系统提升器的调整方法和顺序如下：

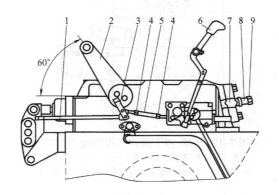

图 7-18 位控制及力位综合控制液压系统提升器
1—力调节反馈杆 2—外提升臂 3—位调节反馈臂
4—锁紧螺母 5—调节杆 6—分配器操纵手柄
7—农机具下降速度调节手轮 8—隔筒 9—空心螺栓

1）把分配器操纵手柄 6 扳至最低下降位置，并保持固定不动。

2）起动发动机，将分配器操纵手柄 6 缓慢向提升位置移动。此时，外提升臂 2 也不断地向提升方向移动。

3）若分配器操纵手柄 6 移动到最高提升位置，而外提升臂 2 未达到最高位置，就应松开锁紧螺母 4，转动调节杆 5 以增大分配器端反馈臂到位调节反馈臂 3 的距离，使外提升臂 2 向上转动到与水平线夹角为 60° 的位置为止，再将锁紧螺母 4 拧紧。此时，外提升臂 2 的刻线与提升器壳体的刻线对齐。反复升降 3 次，提升器工作正常，即调整完毕。

4）若分配器操纵手柄 6 尚未移到最高位置，而外提升臂 2 则已达到最高位置，就应调整调节杆 5，缩小反馈臂到位调节反馈臂 3 的距离。当分配器操纵手柄 6 移动到最高位置，且外提升臂也达到最高位置时，拧紧锁紧螺母 4。反复升降 3 次，提升器工作正常，即调整完毕。

⚠ 注意：

　　使用需要带动力输出的农机具时，为了避免因农机具提升过高造成连接动力输出轴与农机具传动轴夹角过大而损坏，要求以农机具抬离地面且能保证地头转弯不受影响的提升高度为准。

2. 分配器下降阀行程的检查与调整

对图 7-19 所示的分配器下降阀行程进行检查与调整：

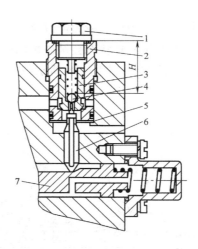

图 7-19　分配器下降阀行程的检查与调整
1—下降阀堵塞　2—下降阀套　3—下降阀
4—钢球　5—调整垫片　6—推销　7—主控制阀

1）拆下下降阀堵塞 1。

2）将操纵手柄置于最高提升位置（即主控制阀 7 处于最高提升位置），测量钢球 4 上端到下降阀套 2 上端面的距离 H_1。

3）将操纵手柄置于下降位置（即主控制阀 7 处于下降位置），测量钢球 4 上端到下降阀套 2 上端面的距离 H_2。

4）若 $H_1 - H_2 = 2mm \pm 0.2mm$，则为调整合适，否则，用增减调整垫片 5 的方法调整尺寸。

5）装回零件，拧上下降阀堵塞1。

任务实施

1. 先导式回油阀卸荷分配器操纵件的拆装

参照图7-20所示的先导式回油阀卸荷分配器操纵件三维分解图自行编写拆装步骤，并进行拆装。

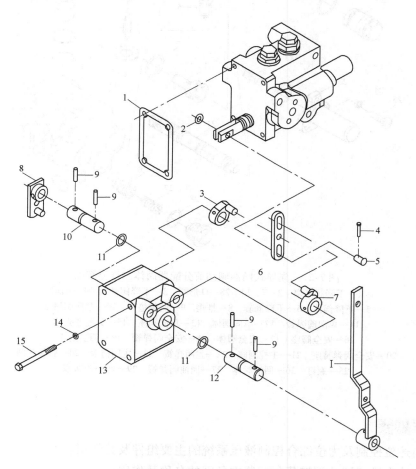

图7-20 先导式回油阀卸荷分配器操纵件三维分解图
1—纸垫 2—平垫 3—反馈小臂 4—开口销 5—销轴
6—摆杆 7—操纵臂 8—反馈臂 9—弹性圆柱销 10—反馈臂轴
11—O形圈 12—操纵轴 13—侧盖 14—弹簧垫圈 15—螺栓 Ⅰ—手柄

2. 先导式回油阀卸荷分配器阀体的拆装

参照图7-21所示的先导式回油阀卸荷分配器阀体三维分解图自行编写拆装步骤，并进行拆装。

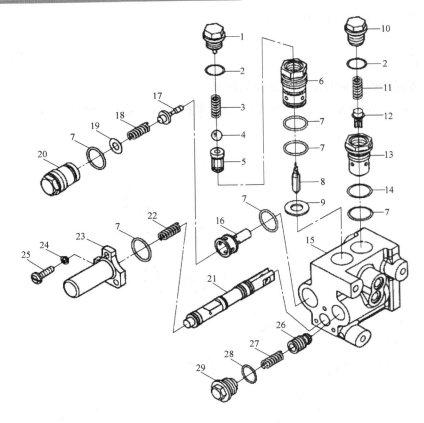

图 7-21 先导式回油阀卸荷分配器阀体三维分解图

1—下降阀堵塞 2、7、14、28—O 形圈 3—下降阀弹簧 4—钢球
5—下降阀体 6—下降阀套 8—推销 9—调整垫片 10—单向阀堵塞
11—单向阀弹簧 12—单向阀座 13—单向阀座 15—分配器壳体
16—安全阀座 17—安全阀体 18—安全阀弹簧 19—调整垫片
20—安全阀弹簧座 21—主控制阀 22—主阀弹簧 23—主阀前盖 24—弹簧垫圈
25—螺钉 26—回油阀体 27—回油阀弹簧 29—回油阀堵塞

》》**练习与思考**

1. 请简述位控制及力位综合控制液压系统的主要组件及其作用。

2. 请简述先导式回油阀卸荷分配器中各阀的名称及作用。

3. 请制表说明先导式回油阀卸荷分配器中各阀分别在中立工况、提升工况和下降工况时的状态。

4. 位控制及力位综合控制液压系统是如何实现位置反馈和牵引力反馈，并进行自动调节的？

5. 如果图 7-13 所示先导式回油阀卸荷分配器中的下降阀 6 因杂质而关闭不严，会产生怎样的提升现象？

任务3 力位独立控制液压系统认知与拆装

任务要求

☞知识目标:

掌握力位独立控制液压系统的组成及工作原理。

☞能力目标:

能正确拆装卸荷式分配器,并能对力位独立控制的操纵与控制件进行正确的调整。

相关知识

一、卸荷式分配器的工作原理

图7-22所示为力位独立控制液压系统所用的卸荷式分配器,主要由主控制阀1、回油阀3、单向阀9、农机具下降速度调节阀8和安全阀7等组成。该分配器具有中立、提升和下降三种工况。

(1)中立工况 如图7-22所示,当主控制阀1处于中立位置时,主控制阀提升口E和下降口D均关闭,而回油阀背腔油道B经排油孔C与油箱连通。液压泵来油经进油口P进入油道,高压油作用在回油阀3上,克服回油阀弹簧2的弹力,将其顶开,油液经回油阀口R和回油道F流回油箱。此时,单向阀9在单向阀弹簧6的弹力和油缸的油压作用下关闭。

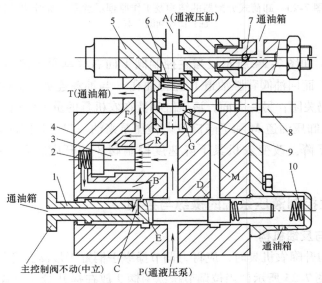

图7-22 卸荷式分配器的结构及工作原理示意图(中立位置)
1—主控制阀 2—回油阀弹簧 3—回油阀 4—分配器壳体 5—分配器支座
6—单向阀弹簧 7—安全阀 8—农机具下降速度控制阀 9—单向阀 10—主控制阀弹簧
A—出油口 B—回油阀背腔油道 C—回油阀背腔排油孔 D—主控制阀下降口 E—主控制阀提升口
F—回油道 G—单向阀口 M—液压缸卸压油道 P—进油口 T—回油口 R—回油阀口

（2）提升工况　如图7-23所示，当主控制阀1左移至提升位置时，提升口E开启，下降口D仍关闭。此时，回油阀背腔油道B与排油孔C的通道被截断，而与主控制阀提升口E连通，液压泵来油就经回油阀背腔油道B进入回油阀背腔。这种情况下，作用在回油阀前、后两端的油液压力差小于回油阀弹簧弹力，则回油阀3在弹簧弹力和油液压力的作用下向右移动，将回油阀口R关闭，截断与回油道F的连通，液压泵来油顶开单向阀9，将单向阀口G打开，进入液压缸。

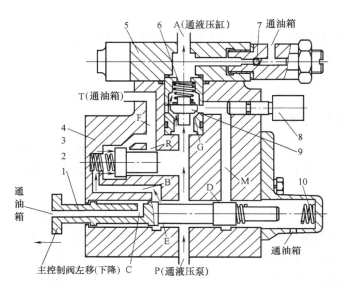

图7-23　卸荷式分配器的结构及工作原理示意图（提升位置）
注：图注同图7-22。

（3）下降工况　如图7-24所示，当主控制阀1向右移动至下降位置时，下降口D开启，提升口E关闭，而回油阀背腔油道B经排油孔C与油箱连通。此时，一方面与中立位置类似，单向阀9仍关闭；另一方面，液压缸油液在农机具的重力作用下，经农机具下降速度控制阀8、液压缸卸压油道M和下降口D与液压泵来油一起顶开回油阀3，经回油道F流回油箱，使农机具下降。改变农机具下降速度控制阀8的开度就可以控制农机具的下降速度。

二、力位独立控制液压系统的操纵与控制

1. 位控制操纵与反馈机构

使用位调节机构升降农机具时，应将力调节操纵手柄置于最高提升位置。

（1）中立　如图7-25所示，当位调节操纵手柄9放在提升最高位置时（力调节操纵手柄也需要同时放在提升最高位置），位调节杠杆4与分配器主控制阀5接触，使分配器主控制阀5处于中立位置。

（2）下降　如图7-26所示，向下降方向移动位调节操纵手柄9，位调节偏心轮8顺时针转动，使位调节杠杆4的固定旋转点（位调节偏心轮8的中心）右上移，则位调节杠杆4

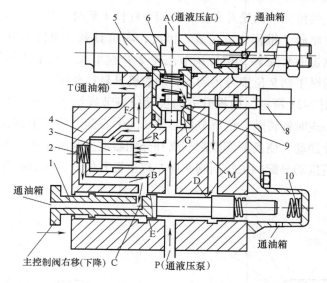

图7-24 卸荷式分配器的结构及工作原理示意图（下降位置）
注：图注同图7-22。

在位调节杠杆弹簧3的作用下，上端紧贴位调节凸轮2，并以此为支点逆时针摆动，下端右移，将分配器主控制阀5向右推至下降位置，农机具靠自重下降。当分配器主控制阀5被推到底时，再移动位调节操纵手柄9，则位调节杠杆4以下端为支点顺时针摆动，使上端与位调节凸轮2间出现间隙W。

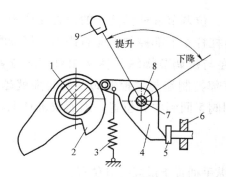

图7-25 位控制操纵与反馈机构示意图（中立）
1—提升轴 2—位调节凸轮 3—位调节杠杆弹簧
4—位调节杠杆 5—分配器主控制阀 6—分配器壳体
7—位调节操纵轴 8—位调节偏心轮 9—位调节操纵手柄

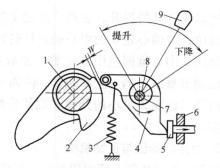

图7-26 位控制（下降开始与过程中）
注：图注同图7-25。

如图7-27所示，随着农机具的下降，提升轴1逆时针旋转，位调节凸轮2升程增大，消除间隙W后，推动位调节杠杆4绕位调节偏心轮8的中心顺时针转动，于是分配器主控制阀回位弹簧将主控制阀5向左推至中立位置，农机具下降停止，悬挂在与位调节操纵手柄9相对应的某一高度位置。

（3）自动控制 如图7-26所示，在自动控制过程，位调节操纵手柄9下移越多，间隙

W 越大，就需要更大的位调节凸轮升程推动位调节杠杆 4 顺时针转动，这样分配器主控制阀回位弹簧才能将主控制阀 7 推回中立位置。因此，农机具就会继续下降，如图 7-26 所示，提升轴 1 也随之继续逆时针旋转，使位调节凸轮 2 升程增大，直至达到新的平衡。由此可见，不同的位调节操纵手柄 9 位置可得到不同的农机具悬挂高度。

（4）提升　如图 7-28 所示，向提升方向扳动位调节操纵手柄 9，位调节偏心轮 8 以位调节操纵轴 7 为中心逆时针转动，位调节偏心轮 8 的中心随之向左上移，带动位调节杠杆 4 以上端为支点顺时针摆动，使其下部控制端离开分配器主控制阀 5 而产生间隙。于是，分配器主控制阀回位弹簧推动分配器主控制阀 5 向左移至提升位置，从而提升农机具。

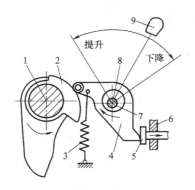

图 7-27　位控制（下降终了）
注：图注同图 7-25。

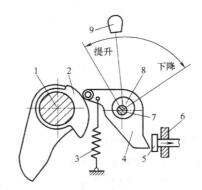

图 7-28　位控制（提升过程中）
注：图注同图 7-25。

随着农机具的提升，位调节凸轮 2 的升程减小，位调节杠杆弹簧 3 的拉力使位调节杠杆 4 绕位调节偏心轮 8 的中心逆时针转动，位调节杠杆 4 下部控制端向右摆动，将分配器主控制阀 5 向右推回至中立位置，使农机具维持在与位调节操纵手柄 9 相对应的位置高度。位调节操纵手柄 9 上移越多，位调节杠杆 4 下部控制端与主控制阀 5 的间隙就越大，需要位调节凸轮 2 更小的升程才能使分配器主控制阀 5 回到中立位置，因而农机具也就提升越高。

2. 力控制操纵与反馈机构

使用力调节机构升降农机具时，应将位调节操纵手柄置于最高提升位置。

（1）中立　如图 7-29 所示，当力调节操纵手柄 1 放在提升最高位置时（位调节操纵手柄也需要同时放在提升最高位置），力调节杠杆 9 与分配器主控制阀 10 不接触，此时，靠位调节杠杆使分配器主控制阀 10 处于中立位置（见图 7-25）。

（2）下降　如图 7-30 所示，向下移动力调节操纵手柄 1 时，力调节偏心轮 8 顺时针转动，其中心向右上移。由于力调节杠杆弹簧 11 的作用，使力调节杠杆 9 上端紧靠在力调节推杆 14 上。力调节杠杆 9 以其上端铰接点为支点向右摆动，将分配器主控制阀 10 向右推至下降位置，农机具开始下降。继续下移力调节操纵手柄 1，则力调节杠杆 9 又以下端为支点顺时针摆动，使力调节推杆 14 离开力调节弹簧杆 2 出现间隙 L。

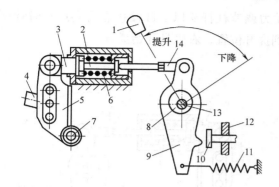

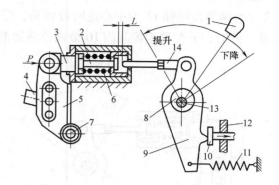

图 7-29　力调节（中立状态）

1—力调节操纵手柄　2—力调节弹簧杆

3—力调节传感接头　4—上拉杆

5—上拉杆座架　6—力调节弹簧

7—上拉杆座架固定旋转点

8—力调节偏心轮　9—力调节杠杆

10—分配器主控制阀　11—力调节杠杆弹簧

12—分配器壳体　13—力调节操纵轴　14—力调节推杆

图 7-30　力控制（下降过程中）

注：图注同图 7-29。

如图 7-31 所示，农机具下降入土后，随着耕作深度的增加，耕作阻力相应增大，作用到力调节传感接头 3 上的压力 p 也增大，压缩力调节弹簧 6 使力调节弹簧杆 2 前移，消除与力调节推杆 14 之间的间隙 L 后，进一步推动力调节杠杆 9 绕力调节偏心轮 8 中心顺时针转动，则力调节杠杆 9 下部控制端离开分配器主控制阀 10。分配器主控制阀回位弹簧将分配器主控制阀 10 推回至中立位置，农机具下降停止，并维持在某一耕作阻力下工作。

在选择力调节耕作阻力时，力调节操纵手柄 1 下移越多，力调节弹簧杆 2 与力调节推杆 14 之间的间隙 L 值越大，需要更大的压力 p 来压缩力调节弹簧 6，也即更大的耕作深度才能消除此间隙，进而推动力调节杠杆 9 绕力调节偏心轮 8 顺时针转动，使分配器主控制阀 10 回到中立位置。因此，在耕作深度范围内，不同的力调节操纵手柄 1 位置就能维持不同的耕作阻力或耕作深度。

（3）自动调节　在耕作阻力（耕作深度）的自动调节时，力调节操纵手柄 1 的位置一旦选定，相应的耕作阻力就维持在某一定值。耕作过程中，若阻力增大，就自动调浅；若阻力减小，就自动调深，以维持耕作阻力不变，使发动机负荷稳定。

耕作阻力增大时，力调节弹簧 6 进一步受压，力调节杠杆 9 顺时针转动，分配器主控制阀 10 便由中立位置被推向提升位置，农机具提升，耕作阻力减小，力调节弹簧 6 伸张。当耕作阻力减小到原来选定的位置时，在力调节杠杆弹簧 11 的作用下，使分配器主控制阀 10 又回到中立位置。

耕作阻力减小时，力调节弹簧 6 伸张，力调节杠杆 9 后移，分配器主控制阀 10 由中立位置被推向下降位置，农机具下降。当耕作阻力增加到原来选定的值时，力调节弹簧 6 受到压缩，使分配器主控制阀 10 又被推回中立位置。

（4）提升　如图 7-32 所示，当把力调节操纵手柄 1 向提升方向移动时，力调节偏心轮

8 以力调节操纵轴 13 为中心逆时针转动，带动力调节杠杆 9 以上部铰接点为支点顺时针摆动。此时，分配器主控制阀 10 被回位弹簧推到提升位置，农机具开始提升。

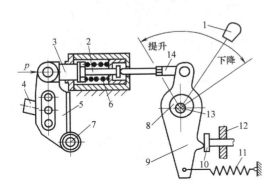

图 7-31　力控制（下降终了）
注：图注同图 7-29。

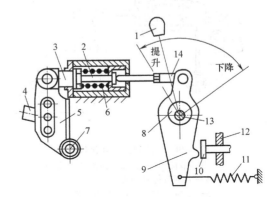

图 7-32　力控制（上升过程中）
注：图注同图 7-29。

由于力调节杠杆控制端离开分配器主控制阀 10 的距离太远，当农机具离开地面，失去阻力调节后，力调节杠杆弹簧 11 无法使分配器主控制阀 10 回到中立位置。因此，在农机具一直提升到最高提升位置后，才由位调节机构起作用，使主控制阀回到中立位置。所以，不能用力调节操纵手柄 1 控制农机具的提升高度。

3. 液压输出

液压输出时，可从提升器壳体上面的液压输出螺塞处接出油管，通往分置液压缸。此时，应先将位调节操纵手柄放置在调节中间位置，旋入农机具下降调节阀，关闭提升器液压缸的油路，然后操纵位调节操纵手柄，使从液压泵输入的油液经分配器单向阀进入外部液压缸，从而进行液压输出作业。

三、力位独立控制液压系统的调整

1. 力调节弹簧总成的调整

调整前，将力调节手柄放到下降位置，使力调节推杆离开力调节弹簧杆，然后用手推拉传感接头，应无轴向间隙。若有轴向间隙，则需取下销子，逐步拧紧调整螺母，直到消除间隙为止。如果拧紧或拧松调整螺母均不能消除轴向间隙，则表明力调节弹簧与弹簧座之间有间隙，需拆下弹簧总成，并冲出止动销，拧转力调节弹簧杆，消除间隙后，再装入提升器壳体内。

2. 扇形板安装位置的校正

将力、位调节操作手柄置于扇形板上止口相接触的位置，使内提升臂与提升器壳体后部内表面有 4mm 的间隙。此时，外提升臂与提升器壳体底平面约成 60°。

3. 力调节杠杆的调整

将力调节推杆调整到使推杆套头与力调节弹簧杆端面接触后，调整力调节推杆的长度，使力调节杠杆控制端面与主控制阀端面的间隙为 1.5mm，调整后用螺母锁紧。

4. 位调节凸轮的调整

使位调节杠杆控制端与主控制阀最外端位置接触，转动位调节凸轮，使其与位调节凸轮的滚轮接触，然后在保持位调节杠杆滚轮与位调节凸轮接触的状态下，顺时针转动位调节凸轮，直至位调节杠杆的控制端将主控制阀推至中立位置，最后将位调节凸轮用螺栓紧固在提升轴上。

任务实施

参照图 7-33 的卸荷式分配器三维分解图自行编写拆装步骤，并进行拆装。

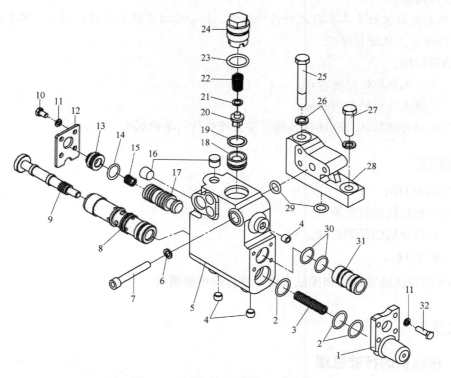

图 7-33　卸荷式分配器三维分解图

1—阀门前盖　2、14、19、23、29、30—O 形圈　3—主控制阀弹簧　4、16—圆锥螺塞　5—分配器壳体
6、11、26—弹簧垫圈　7—螺钉　8—主控制阀套　9—主控制阀　10、25、27、32—螺栓　12—限位板
13—回油阀后堵塞　15—回油阀弹簧　17—回油阀体　18—单向阀座　20—单向阀体
21—单向阀体垫片　22—单向阀弹簧　24—单向阀堵塞　28—分配器支座　31—密封套

练习与思考

1. 请简述力位独立控制液压系统的主要组件及其作用。

2. 请简述卸荷式分配器中各阀的名称及其作用。

3. 请制表说明卸荷式分配器中各阀分别在中立工况、提升工况和下降工况时的状态。

4. 力位独立控制液压系统是如何实现位置反馈和牵引力反馈，并进行自动调节的？

5. 如果图 7-22 所示卸荷式分配器中的回油阀背腔油道 B 因有杂质而堵死，会产生怎样的提升现象？

项目8 拖拉机基本参数测定

【项目描述】

对两台拖拉机的基本参数进行实际测量，然后进行对比和分析，对两台拖拉机的通过性和操纵安全性进行评价。

【项目目标】

1）掌握拖拉机的行驶原理。

2）了解拖拉机的使用性能。

3）能够对拖拉机的通过性和操纵安全性进行简单的测定。

任务要求

☞ 知识目标：

1）掌握拖拉机的行驶原理。

2）了解拖拉机的使用性能。

☞ 能力目标：

能够对拖拉机的通过性和操纵安全性进行简单的测定。

相关知识

一、拖拉机的行驶原理

如图 8-1 所示，拖拉机在水平路面稳定、直线行驶时，在运动方向受到的外力必须满足 $\Sigma X = 0$ 的力平衡条件。拖拉机在稳定、直线行驶过程中，平行于路面的外力有驱动轮上的驱动力 F_q、车轮的滚动阻力 F_f、挂钩牵引力 F_T 和空气阻力 F_w 等，其平衡方程式为

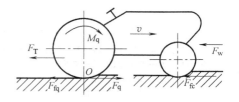

图8-1 轮式拖拉机的行驶原理

$$F_q - F_f - F_T - F_w = 0 \tag{8-1}$$

由于拖拉机的行驶速度一般比较低，空气阻力 F_w 相对来说比较小，可忽略不计。

1. 驱动力

由发动机输出的有效转矩经过传动系统传递到拖拉机驱动轮上的转矩，称为驱动转矩 M_q。M_q 与驱动轮的动力半径 r_q 之比，称为驱动力 F_q。驱动力是驱动轮与地面之间接触面上

的水平合成反作用力，是推动整个拖拉机前进的动力，其方向与拖拉机行驶方向相同，其大小可由下式计算，即

$$F_q = M_q/r_q = (\eta_c M_e i)/r_q \qquad (8\text{-}2)$$

式中　η_c——传动系统的传动效率，它是驱动轮输出功率 P_q 与发动机有效功率 P_e 之比，即

$$\eta_c = P_q/P_e = (M_q \omega_q)/(M_e \omega_e)；$$

　　M_e——发动机有效转矩；

　　i——拖拉机传动系统的总传动比（$i = \omega_e/\omega_q$），ω_e 为发动机曲轴的角速度，ω_q 为驱动轮的角速度；

　　r_q——驱动轮动力半径，为驱动力作用线到驱动轮中心的垂直距离。

驱动力 F_q 并不能随发动机有效转矩 M_e 或传动比 i 的增大而无限制地增加，它受到驱动轮与地面之间附着力 F_ϕ 的限制。这就是说，驱动力 F_q 最大只能容许发挥到等于附着力 F_ϕ。

2. 附着力

拖拉机在容许滑转率下能发挥的最大驱动力 F_{qmax} 称为附着力 F_ϕ，其大小常用附着系数 ϕ 与驱动轮上负载 Q_q 的乘积来估算：

$$F = \phi Q_q \qquad (8\text{-}3)$$

拖拉机在稳定直线行驶时，驱动轮的驱动转矩是随外载阻力变化而变化的。当外载荷增加时需要的驱动力 F_q 也增加，当其超过相当于发动机标定转矩 M_{eb} 所发出的驱动力 F_{qb} 时，就会导致发动机超载，甚至引起发动机运转不稳定，以致熄火。如果需要的驱动力超过附着力 F_ϕ，就会导致驱动轮严重打滑。也就是说，为了保证拖拉机的正常行驶，其必要和充分条件为

$$F_\phi \geqslant F_q = F_F + (F_{fc} + F_{fq}) = F_T + F_f$$

且

$$F_{qb} \geqslant F_q = F_T + F_f$$

式中　F_f——拖拉机滚动阻力，它等于导向轮滚动阻力 F_{fc} 与驱动轮滚动阻力 F_{fq} 之和。

二、拖拉机的使用性能

拖拉机的使用性能大致可分为三类，即对农业自然条件和农艺要求的适应性、技术经济性以及劳动保护性等一般技术性能。

1. 对农业自然条件和农艺要求的适应性

对农业自然条件和农艺要求的适应性与是否能保证农业技术要求有关，主要有牵引附着性、通过性、操纵性以及对土壤结构的破坏程度。

（1）牵引附着性　牵引附着性是指拖拉机在容许滑转率情况下能发挥的牵引能力。拖拉机牵引性能可用各挡所能发挥的牵引力（挂钩牵引力）、牵引功率和牵引效率来衡量。

1）牵引力。牵引力是指拖拉机对农机具的有效水平牵引力。

2）牵引功率。牵引功率是指通过拖拉机驱动轮输出的作用在农机具上的有效功率，它直接影响拖拉机的生产率。

3）牵引效率。牵引效率等于拖拉机牵引功率与相应的发动机功率的比值，它表示发动机功率的有效利用程度。

（2）通过性　通过性是指拖拉机在田间和道路上以及在无路情况下的通过能力（也称为越野性）。

1）在潮湿松软地面上的通过性。在潮湿和松软地面上，拖拉机易发生下陷、严重滑转等现象，影响拖拉机的正常工作。在潮湿和松软地面上，拖拉机的附着性差，滚动阻力大。当拖拉机的附着力小于牵引力与滚动阻力之和时，拖拉机组就无法作业；当附着力小于滚动阻力时，甚至空机也无法通过。拖拉机行走机构的形式（轮式或履带式）和支承面上单位面积的压力等，是影响在潮湿和松软地面上通过性的主要因素。另外，在深水田作业时，由于行走机构下陷，变速器壳体底面接触泥水，也会影响其通过性。

2）在作物行间的通过性。对于中耕用拖拉机，要求拖拉机在作物生长期间下田作业，因此，拖拉机机体需要在作物之上通过，而拖拉机的行走机构需要在作物的行间通过。中耕时，为了保证拖拉机机体的下部不致碰坏作物的枝叶，要求有足够的农艺离地间隙 h_a；为了保证行走机构不致压损作物的根部及碰伤作物，要求有足够的保护区 C，如图 8-2 所示。当拖拉机行走机构恰好走在两行作物之间时，则其轮距 B 必为作物行距 S 的整倍数，这样可使左右两侧保护区相等，对作物损害最小。因此，拖拉机的轮距一般都能够进行调整。

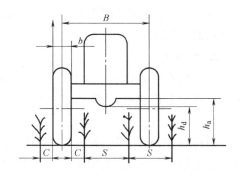

图 8-2　拖拉机的行距、轮距与离地间隙

对于某些作物来说，中耕是在作物之下进行的，即拖拉机在作物枝叶下通过，因此要求用于这种作业的拖拉机总体高度较低，向上无凸出部分。另外，有些作物中耕时拖拉机整机在两行作物之间通过，对于这种中耕拖拉机，则要求其总体宽度较窄，两侧面无凸出部分。

3）在田间转移时的通过性（轮廓通过性）。在田间转移时，拖拉机要跨过沟渠、越过田埂等障碍物。由于与不规则地面之间的间隙不足，可能出现拖拉机被托住而无法通过的现象，称为间隙失效。间隙失效主要有顶起失效、触头失效、托尾失效等形式。衡量田间转移通过能力的大小因素主要与拖拉机本身的几何参数有关。这些几何参数主要有最小离地间隙、接近角、离去角、纵向通过半径和横向通过半径等。

① 最小离地间隙。最小离地间隙 h_d（见图 8-2）是拖拉机除车轮外的最低点与地面之间的距离，用以表征车轮无碰撞地越过石块、树桩等障碍物的能力。拖拉机的前驱动桥壳体、离合器壳体、变速器壳体、分动器壳体和后驱动桥壳体等有较小的离地间隙。

② 接近角与离去角。接近角 γ_1 和离去角 γ_2（见图 8-3a）是指自拖拉机前、后凸出点向前、后车轮引切线时，切线与路面之间的夹角，用以表征拖拉机接近或离开障碍物（如小丘、沟洼地等）时不发生碰撞的能力。接近角和离去角越大，拖拉机的通过性越好。

③ 纵向通过半径。纵向通过半径 ρ_1（见图 8-3a）是指在拖拉机侧视图上作出的与前、后车轮及两轴中间轮廓线相切圆的半径，用以表征拖拉机可无碰撞地通过小丘、拱桥等障碍物的轮廓尺寸。纵向通过半径越小，拖拉机的通过性越好。

④ 横向通过半径。横向通过半径 ρ_2（见图 8-3b）是指在拖拉机正视图上作出的与左、右车轮及两轮中间轮廓线相切圆的半径，用以表征拖拉机可无碰撞地通过小丘、拱桥等障碍物的轮廓尺寸。横向通过半径越小，拖拉机的通过性越好。

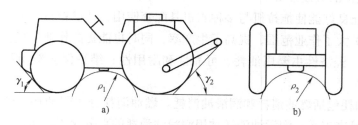

图 8-3　拖拉机轮廓通过性几何参数
a）纵向平面　b）横向平面

（3）操纵性　操纵性是指拖拉机能否按驾驶员的意图沿给定方向行驶的性能，可用直线行驶性和最小转向半径来衡量。

1）直线行驶性。直线行驶性可用不加操作情况下直线行驶一定距离后拖拉机偏离原定方向的偏移量来衡量。直线行驶性不好，则耕作时会产生漏耕、重耕现象，播种时会产生漏播、重播、播行不整齐等现象；在中耕时，也易碰伤作物；同时，驾驶员必须经常纠正行驶方向，易产生过度疲劳，转向机构因此也易磨损。轮式拖拉机的直线行驶性不如履带式拖拉机的好。

2）最小转向半径如图 8-4 所示，最小转向半径 R_{min}（或用转向圆半径 R_y 和 R_s 来表示）越小，拖拉机在地头转弯时留下的未耕地也越少，转向所需的时间也越小，在狭窄的地方也越容易转向。

（4）对土壤结构的破坏程度　拖拉机反复行驶后，土壤结构往往会遭到破坏。对土壤结构破坏程度的衡量标准：对水田，指行走机构对水田土壤底层有无破坏，是否引起泥脚加深；对旱田，指土壤的被压实程度。对土壤结构的破坏程度除与土壤本身的性质有关外，主要取决于行走机构的形式，如在水田土壤上使用铁轮就容易使泥脚加深。

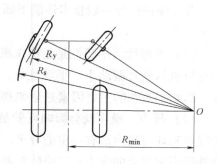

图 8-4　转向半径示意

2. 技术经济性

拖拉机的技术经济性主要用生产率和经济性来表示。

（1）生产率　拖拉机的生产率用单位时间完成的作业量表示，生产率的大小与作用在农机具上的有效功率及农机具作业时的阻力等因素有关。拖拉机的生产率可分为实际生产率和纯生产率两种。前者是指拖拉机实际工作时间内的生产率，后者是指纯工作时间内（不包括地头转弯和技术停车时间）的生产率。影响生产率的另一个重要因素是拖拉机与农机具匹配进行各项作业的性能，它与下列因素有关：

1）挡位和速度的配置。

2）液压悬挂系统耕深调节方式和提升能力。

3）动力输出轴的形式和转速。

4）农机具挂接的方便性等。

上述匹配性能良好能使拖拉机与多种农机具配套使用，并使拖拉机的功率和功能得到充分的发挥，因而扩大了作业范围，提高了生产率，同时也能提高作业质量。

（2）经济性　经济性主要用油耗、可靠性和耐用性、维护保养费用及方便性、综合利用性等来衡量。

1）油耗。油耗包括燃油消耗和润滑油消耗。燃油消耗分实际油耗和纯油耗，用完成单位作业量所耗油量来表示；润滑油消耗常用润滑油消耗的百分比来表示。

2）可靠性和耐用性。拖拉机可靠性以在一定工作时间内发生的零部件损坏及故障的性质、严重程度、次数等来衡量；耐用性则以主要零部件需更换（或修理）时已使用的时间来衡量。拖拉机的可靠性和耐用性好，不仅可保证正常出车，提高生产率，而且可减少维修费用，延长使用寿命；延长使用寿命又可减少折旧费。

3）维护保养费用及方便性。维护保养方便，则用于技术保养和零部件拆装的工时少、费用省。

4）综合利用性。综合利用性好，则能进行多种作业项目，年出车日数多，从而提高了经济效益。

3. 劳动保护性等一般技术性能

劳动保护性等一般技术性能不属于农业技术性能和经济性能，大多与驾驶员身体健康及安全有关。

（1）平顺性　平顺性是指拖拉机能否平顺地进行工作的能力，与拖拉机振动问题相关。若拖拉机行驶时振动小、平顺性好，则驾驶员不易感到疲劳，机件不易损坏，作业质量也好。影响平顺性的主要因素是悬架和行走机构的形式，以及与振动有关的一些参数。

（2）噪声　噪声既会影响驾驶员的身心健康，也会污染环境，因而现在对拖拉机的耳旁噪声和环境噪声都有一定的要求。噪声源主要是发动机和传动系统。为了降低噪声，一是降低噪声源发出的噪声；二是隔声和吸声，以减少传到驾驶室的噪声。振动和噪声有密切的关系，振动会产生噪声。

（3）稳定性　稳定性是指拖拉机不致产生翻倾和滑移的性能。拖拉机在坡道上或山地行驶时，稳定性尤为重要，它影响驾驶员的安全。稳定性常用不致产生翻倾和滑移的最大坡度角表示，影响这些角度的主要参数是重心位置、轮距和轴距以及拖拉机在作业时所承受的外力。

（4）制动性　制动性是指拖拉机在给定的坡道上能进行制动以及在较短的距离内能制动至停车的性能。制动性能良好，则拖拉机行驶时（尤其是在高速行驶和在坡道上行驶时）比较安全。

（5）起动性　起动性常以发动机能起动的最低温度来表示。用手摇起动时，一般要求达到0℃；用电起动或汽油机起动时，一般要求达到 -10℃。

（6）视野性　视野性是指驾驶员工作时能否看到农机具作业情形及车轮（或履带）行驶路线的性能，用驾驶员看不到区域的大小及其重要程度来衡量。若视野性不好，则驾驶员作业时劳动强度大，而且会影响作业质量。影响视野性的因素主要是驾驶座的位置与高度，以及拖拉机有关的外廓尺寸。如图8-5所示，为了提高对前方地面的视野性，有的拖拉机上将发动机罩前端制作成倾斜状，这样前方看不见的距离由 OA 缩至 OB。

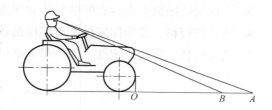

图8-5　拖拉机的视野性

（7）操作方便性　为了使驾驶员操作方便、省力，对各种操纵杆件的布置和仪表的排列等都必须符合一定的要求。现代拖拉机上，座位高度可根据身高进行调节，各种操纵手柄根据用途不同制成不同的形状，涂以不同的颜色，这些措施都是为了提高操作方便性。

用上述各种使用性能来评价拖拉机时，必须根据其用途，分清主次，全面衡量。这是因为，其中有些要求是相互矛盾的，如提高离地间隙在改善了通过性的同时必然使重心变高，因而降低了稳定性。另外，上述性能的划分也不是绝对的，如通过性可属于对农业自然条件的适应性，但通过性不好也必然影响生产率，因而也可列入技术经济性内。

任务实施

1）准备好两辆工况良好、功率基本相同而品牌不同的拖拉机。

2）将两辆拖拉机停放在水平洁净的地面上，测量以下参数：

① 总高。总高包括至排气管顶端高度、至转向盘顶端高度和至防翻架顶端高度（如果可以折叠，还要测量折叠后的高度）。

② 总长。总长是指前配重前端至下拉杆（水平放正）末端的距离。

③ 总宽。总宽是指拖拉机两侧最外端的垂直距离。

④ 轴距、轮距和两后轮外侧的垂直距离。

⑤ 传动系统各主要壳体的离地间隙。

⑥ 接近角、离去角、纵向通过半径、横向通过半径和视野角（以同一名学生作为驾驶人进行测量，身高1.75m左右，并调整好座位高度）。

简易测量方法：用钢卷尺测出外形关键控制点相对位置尺寸，然后用 CAD 绘图后，通过软件测量。

3）在平整的田地上（不能太软）进行驾驶操作，利用轮迹测量最小转弯半径和单边制动转弯半径。

4）在平直的道路（水泥或沥青路面）上以 20km/h 的车速行驶，挂空挡后紧急制动，通过车轮与路面间的摩擦印痕测量制动距离。

5）将以上测量的两组数据进行对比和分析，给出评价结果。

>> **练习与思考**

1. 请分析并简述拖拉机的驱动力、驱动轮附着力和发动机动力三者之间的关系。
2. 拖拉机的通过性有哪些具体的评价参数?
3. 拖拉机的操纵安全性有哪些具体的评价指标?
4. 请查找资料,说明国家标准对拖拉机转向性和制动性的具体要求。
5. 名词解释:行驶稳定性、生产率、牵引附着性。

项目9 拖拉机底盘技术保养

【项目描述】
　　针对拖拉机实物整机，按照厂家技术保养规范，对拖拉机底盘进行保养操作训练，并填写相应的保养表。
【项目目标】
1）了解拖拉机各级各类技术保养内容及规范。
2）借助使用说明书，能规范地对拖拉机底盘进行各级技术保养操作。

任务要求

☞ 知识目标：

1）了解拖拉机技术状态良好的标志。

2）了解拖拉机试运转的内容及意义。

3）了解拖拉机各级各类技术保养内容及规范。

☞ 能力目标：

借助使用说明书，能规范地对拖拉机底盘进行三级技术保养操作。

相关知识

一、拖拉机技术状态良好的标志

拖拉机技术状态良好的标志如下：

1）拖拉机各零部件完整，调整正确，润滑良好。

2）发动机的功率和燃油消耗率都在规定允许的范围内，转速稳定，排气正常。

3）起动容易、迅速。

4）全负荷工作时，发动机的冷却液温度、油温和油压正常。

5）工作时各运动部件未发生不正常的敲击、过热和不正常振动等现象。

6）电气设备完整、工作正常。

7）液压系统和各操纵机构的作用正常。

8）不漏水、不漏油、不漏气、不漏电。

二、拖拉机的试运转

1. 拖拉机试运转的作用、原则及影响因素

新生产的、大修后或更换重要配合零件的拖拉机，在投入使用前必须进行磨合，同时进行相关的检查、调整和保养，这一系列工作称为拖拉机的试运转，又称为磨合。实践证明，是否进行试运转和试运转质量的好坏，对机器的动力性、经济性和工作寿命有重要影响。

试运转的作用有以下三项：

1）增大相互运动零件的接触表面，使实际承载面积加大以承受全面负荷工作。

2）提高机件的润滑性能。

3）检查、发现和排除各种故障。

试运转的原则：发动机转速由低到高，行驶速度由慢到快，拖拉机负荷由小到大。

影响试运转质量的主要因素有负荷、速度、对应各种负荷与速度下的磨合时间、润滑油的粘度等。

2. 拖拉机技术状态的检查和技术保养

1）检查拖拉机外部螺栓和螺母，若有松动，应加以拧紧。

2）根据润滑表对各润滑点加注规定的润滑脂。

3）检查发动机油底壳、变速器、前驱动桥、后驱动桥、转向器和空气滤清器的油面位置，油液不足时按规定添加。

4）加注燃油和冷却液。

5）检查前轮定位和轮胎气压。

6）检查电气线路连接情况。

7）检查各操纵手柄是否灵活并处于起动位置。确认一切正常后即可开始试运转。

3. 拖拉机的试运转规范、阶段和过程

试运转规范是指拖拉机进行试运转时的程序和要求。拖拉机的试运转分以下两个阶段：

（1）企业试运转　企业试运转是指在生产企业或维修企业内进行试运转。该阶段试运转的时间较短，约数十分钟到数小时。

（2）用户试运转　由于各种型号的拖拉机有各自的试运转规范，试运转各阶段时间的长短，各生产企业的规定彼此相差较大，用户必须按照使用说明书的规定进行试运转，称为用户试运转。在此阶段，除了使拖拉机运动件表面的微观不平度继续磨平外，还要修正宏观缺陷。在这一阶段，运动件的磨损强度随着磨合时间的增长而逐渐减小，最后趋于稳定，此后就可投入正式作业。但在正式作业的开始几个班次，最好仍以80%负荷程度作业，使运动副进一步磨合。

用户试运转分以下三个过程：

1）发动机空转试运转。发动机空转试运转是指按使用说明书的规定进行起动、怠速运转、低转速运转和高转速运转，过程中注意观察发动机有无异常现象。

2）拖拉机空驶。拖拉机空驶试运转应由低速挡到高速挡再到倒挡逐次进行。

3）拖拉机带负荷试运转。多数拖拉机的负荷分为轻、中和重三级，以拖拉机挂钩上的牵引力来衡量。在拖拉机带负荷试运转过程中，牵引力应由小到大，在同一牵引力下，换挡应由低速挡到高速挡。若拖拉机装有液压悬挂系统，则在带负荷试运转前，应先对液压悬挂系统进行试运转。

4. 发动机空转、拖拉机空驶和带负荷试运转的要求和检查

按试运转规程依次进行发动机空转、拖拉机空驶和带负荷试运转，具体步骤如下：

1）试运转过程中要保持冷却液温度（40℃以上起步，60℃以上负荷作业，75～95℃范围内正常工作）。

2）检查各轴承处的发热情况、各连接件的紧固情况和传动带的张紧度；仔细倾听各部位有无异响；观察有无漏油、漏水、漏气现象；检查冷却液温度表、机油压力表、机油温度表、万用表等的指示是否正常；对传动、变速、转向和制动机构进行周期性的磨合操纵。

3）当发现运转或操作有异常现象时，应及时停机进行检查，彻底排除故障后才能继续试运转。

5. 拖拉机试运转完毕后的保养工作

拖拉机试运转结束后，进行保养检查和调整，方法如下：

1）趁热放出发动机油底壳中的润滑油，彻底清洗柴油滤清器、机油滤清器和空气滤清器，然后注入新的润滑油。

2）拧紧气缸盖螺母，检查并调整气门间隙（针对维修后的机器）。

3）趁热放出底盘中各部位的润滑油，并加入适量的轻柴油，用 2 挡行驶 2～5min，停机后立即将轻柴油放出，并按规定加入润滑油。

4）更换冷却液，用清洁的软水清洗冷却系统。

5）根据润滑表对各润滑点加注规定的润滑脂。

6）检查前轮前束、离合器和制动器踏板自由行程，必要时进行调整。

7）检查和调整喷油器压力（针对维修后的机器）、轴承间隙。

8）检查并拧紧所有外部紧固螺栓和螺母，特别是主要部件连接部位。

9）试运转执行人将试运转情况上报，并记入技术档案。

6. 拖拉机液压悬挂系统试运转

新拖拉机或大修后拖拉机的液压悬挂系统试运转，应在拖拉机空驶试运转后，油液得到预热的情况下进行。起动发动机，将油泵离合手柄放到"合"的位置（无离合的机器无需此操作），操纵液压操纵手柄或位调节手柄，使悬挂机构提升和下降数次，观察液压系统有无顶卡现象，然后挂上质量小于 300kg 的农机具，在发动机额定转速下，使农机具平稳地提升和下降，其次数应不少于 20 次，观察农机具是否顺利提升，检查有无漏油之处。

三、拖拉机保养周期和技术保养规程

1. 拖拉机保养周期

拖拉机保养周期一般按照拖拉机的工作小时计算，采用这种方法时，规定拖拉机在工作一定时间（小时）后就要进行保养。

2. 拖拉机技术保养规程

根据零部件的使用情况，确定拖拉机零部件工作性能指标的恶化极限值，然后根据工作性能指标的恶化规律，通过科学试验和统计调查，确定主要零部件工作性能指标恶化到极限值时所经历的时间，并将其作为零部件技术保养周期由短而长地排列和归纳，组成若干个保养号别，把保养号别、周期和内容用条款形式固定下来，就形成了技术保养规程。可以认为技术保养规程是拖拉机进行技术保养的技术法规。

四、拖拉机班次保养、定期保养和存放保养

拖拉机的技术保养分为班次保养、定期保养和存放保养。班次保养在每班（一般以每天计算）工作开始或结束时进行；定期保养在拖拉机工作一定时间间隔之后进行；存放保养在拖拉机长时间不工作时进行。定期保养的时间和次数目前在国内并不完全统一，因不同生产厂家而异，但区别并不是很大，本书选择较为通用的规范进行编录。

1. 班次保养

班次保养一般在拖拉机工作 10h 以后进行，基本上以每天计算，具体步骤如下：

1）清除拖拉机上的尘土和油污。

2）检查并紧固拖拉机外部紧固件，发现松动时及时拧紧，尤其是前、后轮的紧固螺母。

3）检查各润滑油液、冷却油液、动力油液、燃油油面和蓄电池液面高度，液量不足时，按保养表添加规定的油液或电解液。

4）根据保养表对拖拉机外部运动件加注规定的润滑脂，进行润滑。

5）检查前、后轮胎气压，不足时按规定充气。

6）检查调整离合器踏板和制动器踏板的自由行程。

7）检查拖拉机有无漏气、漏油、漏水现象，如有"三漏"，应及时排除。

8）对柴油发动机按厂家要求进行单独保养。

2. 定期保养

定期保养包括 50h 技术保养、200h 技术保养、400h 技术保养、800h 技术保养和 1600h 技术保养等。

（1）50h 技术保养　50h 技术保养的具体步骤如下：

1）完成每班技术保养的全部内容。

2）根据保养表对拖拉机外部运动件加注规定的润滑脂，进行润滑。

3）检查油浴式空气滤清器油面并除尘。

4）对柴油发动机按厂家"一级技术保养"的要求进行保养。

（2）200h 技术保养　200h 技术保养的具体步骤如下：

1）完成 50h 技术保养的全部内容。

2）更换柴油发动机油底壳中的润滑油。

3）对油浴式空气滤清器油盆进行清洗保养。

4）清洗提升器液压油滤清器，必要时更换滤芯。

5）对柴油发动机按厂家"二级技术保养"的要求进行保养。

（3）400h 技术保养　400h 技术保养的具体步骤如下：

1）完成 200h 技术保养的全部内容。

2）根据保养表对拖拉机外部运动件加注规定的润滑脂，进行润滑。

3）检查传动系统润滑油油面高度及提升器液压油面高度，必要时进行添加。

4）检查驻车制动工作状况，必要时进行调整。

5）清洗保养液压转向油箱滤清器。

6）对柴油发动机按厂家"二级技术保养"的要求进行保养。

（4）800h 技术保养　800h 技术保养的具体步骤如下：

1）完成 400h 技术保养的全部内容。

2）更换液压转向系统和提升器液压油。

3）更换变速器和后驱动桥润滑油。

4）检查柴油机的气门间隙。

5）检查和调整喷油泵的喷油压力。

6）对燃油箱进行清洗保养。

7）对柴油发动机按厂家"三级技术保养"的要求进行保养。

（5）1 600h 技术保养　1 600h 技术保养的具体步骤如下：

1）完成 800h 技术保养的全部内容。

2）对柴油发动机冷却系统进行清洗保养。

3）更换前驱动桥中央传动和最终传动润滑油。

4）对起动机进行检查、调整、维护和保养。

5）对柴油发动机按厂家"三级技术保养"的要求进行保养。

3. 存放保养

拖拉机长期停用期间对其进行科学的保管和专门的维护保养非常重要；否则，拖拉机技术状态的恶化速度比在工作期还要快。拖拉机存放前，必须经过彻底的清洗、调整并紧固各连接件，按工作时间完成以上规定的技术保养，使拖拉机处于良好的技术状态。

1）存放前，认真检查拖拉机，清除存在的故障，保持技术状况良好，将拖拉机外表清洁干净。

2）拖拉机应停放在机库或车棚内，环境应通风干燥，严禁与具有腐蚀性的物品、气体一起存放。当条件不具备，露天停放时，必须选择地势较高而干燥的平台，并用防雨布盖好。

3）放净发动机或其他系统中的冷却液。

4）保证各系统滑润油和动力油新鲜。

5）从燃油箱内排放出燃油，并加入防锈燃油。为了使防锈燃油充入供给系统内，起动柴油机并使其运转 5～10min。

6）将所有操纵手柄置于空挡位置（包括电气系统开关和驻车制动），将拖拉机前轮放正，悬挂杆件放在最低位置。

7）向各润滑点中加注润滑脂。

8）用脱水凡士林（加热至100~200℃）涂抹电器触点、接头及未经油漆的金属零件表面。

9）拆下蓄电池，使其充满电，其极柱上涂上润滑脂，存放在避光、通风且温度不低于10℃的室内。每月都要检查蓄电池的情况，并重新充电。

10）松开发动机上的V带，必要时将传动带取下，包好单独存放，将带轮槽内喷涂防锈剂。拖拉机表面脱漆的部位应进行补漆。

11）用防护材料（帆布、防水布或油纸等）将发动机未封闭的管口（如进、排气口）作封口处理，以防止异物、灰尘、水分进入。

12）为了防止轮胎被损坏，用木架将拖拉机支起，使轮胎卸掉载荷，同时将气压由额定压强减少到70%，并定期进行检查。

13）由拖拉机上拆下的零件和随车工具，应清洗干净后包好，并保存在干燥的库房内。

>> **任务实施**

任务实施说明：针对不同条目的技术保养，可根据实际教学机型选用不同形式的操作内容，为与实际工作情境相衔接，可人为设置一些问题点，使之不符合底盘技术状况良好条件的要求。

一、拖拉机底盘外部紧固件和悬挂杆件的检查

（1）外部紧固件的检查　检查各系统总成紧固件间的螺纹连接件是否紧固可靠，尤其是车轮与轮毂、发动机与离合器壳体、离合器壳体与变速器壳体、变速器壳体与后驱动桥壳体、后驱动桥壳体与最终传动壳体、前驱动桥或前轴与托架间的连接。若有松动，则应按拧紧力矩的要求进行紧固；若有螺纹损坏，则应进行修理或更换。

（2）操纵连接杆件的检查　检查转向、离合、制动和其他操纵杆件连接处的紧固连接件是否松动、生锈、磨损超差及损坏，尤其是开口销和挡圈类易损件。

（3）悬挂杆件的检查　检查悬挂杆件各连接处是否转动灵活和连接可靠，是否有生锈、螺纹损坏及插销丢失现象。

二、拖拉机底盘油液的检查

（1）前驱动桥中央传动和最终传动润滑油油面高度的检查　采用锥齿轮形式的最终传动前驱动桥，其中央传动与最终传动的润滑油是连通的，可通过同一量油尺进行检查。采用行星齿轮机构形式的最终传动前驱动桥，其中央传动与最终传动的润滑油是各自独立分开的，中央传动可直接用量油尺检查或检油孔检查（见图9-1），而最终传动则直接将油放净，再加注规定油量（见图9-2）或是用放油孔检查（同时也是加油孔）。采用放、加油同孔检查时，先将拖拉机停放在水平路面上，放油时，转动轮毂2使放/加油螺塞1处于最下位置（见图9-3a），然后拆下放/加油螺塞1；检查或加油时，转动轮毂2使放/加油螺塞1处于水平位置（见图9-3b），此时润滑油油面应与孔的底边平齐。

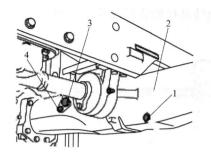

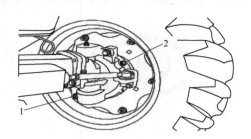

图 9-1　中央传动润滑油检油孔的检查
1—放油螺塞　2—前驱动桥壳体
3—加油螺塞　4—检油螺塞

图 9-2　最终传动润滑油的放、加油检查
1—放油塞　2—加油塞

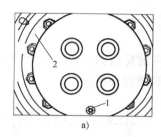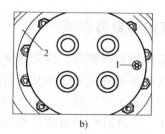

图 9-3　最终传动润滑油的放、加油同孔检查
a）放油位置　b）加油检油位置
1—放/加油螺塞　2—轮毂

（2）变速器和后驱动桥润滑油油面高度的检查　变速器和后驱动桥润滑油是连通的，可通过安装在壳体上表面的同一量油尺进行检查。

（3）转向液压油的检查　转向液压油直接通过转向油罐盖上的量油尺进行检查。

（4）制动液压油的检查　制动液压油直接通过制动油罐上的油位刻度线进行检查。

（5）提升器液压油的检查　提升器液压油直接通过量油尺进行检查。

三、拖拉机底盘外部运动件的润滑

参照使用说明书，选择规定的润滑脂，通过注油嘴对拖拉机底盘外部运动件各部位加注润滑脂。需要润滑的部位一般有悬挂杆件各接头旋转部位和螺纹旋合处、离合和制动外部操机构各转轴处、转向球接头、转向拉杆螺纹旋合处、前轴主销、前轴中央摆销、前轮轮毂轴承、四轮驱动前桥主销、四轮驱动前桥摆轴。

四、轮胎气压的检测与充气

轮胎的气压检测与充气可使用轮胎气压表（见图 9-4），既方便，又快捷。气压检测时，先旋去气门嘴帽，根据轮胎大小选用不同的轮胎气压表，将检测端插入气门嘴并压紧，打开开关，通过轮胎气压表读取数值（大轮胎用轮胎气压表，还需转动摇柄将气门阀芯旋松）。充气时，只需将气源接在气源接头上，然后打开开关，当轮胎气压表读数达到规定值时，直接取下轮胎气压表即可（大轮胎需在充气过程中快速转动摇柄将气门阀芯旋紧）。

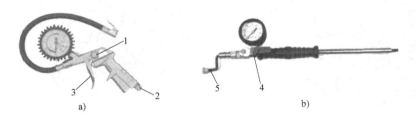

图 9-4　轮胎气压表
a）小轮胎用　b）大轮胎用
1—气压表放气按钮　2—气源接头　3、4—开关　5—摇柄

五、前轮前束的检查与调整

在进行前轮前束检查与调整前，应先确保两前轮清洁、轮毂轴承预紧度正确、轮胎气压符合要求并一致，转向系统各杆件的相互配合间隙符合要求。

检查时，将拖拉机置于水平路面上并支起前轴（或前驱动桥），使两前轮稍微离开地面并保证左、右等高，偏差不大，转动转向盘使两前轮处于直线行驶状态。如图 9-5 所示，找出两前轮轮胎中心线上与前轮轴线等高的前方两点 L 和 R，用前束尺或钢卷尺测量出 L 和 R 两点间的前方距离 B（见图 9-6），然后将两

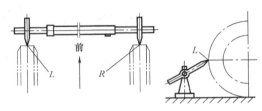

图 9-5　用指针式前束尺测量前轮前束

点转至后方与前轮轴线等高处，测出 L 和 R 两点间的后方距离 A（见图 9-6），（$A - B$）即为前束值，若不符合要求，应进行调整。

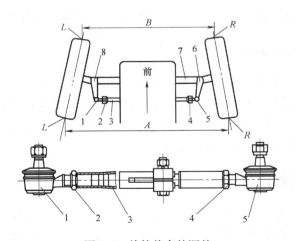

图 9-6　前轮前束的调整
1—左转向球接头总成　2—左旋锁紧螺母　3—横拉杆　4—右旋锁紧螺母
5—右转向球接头总成　6—右梯形臂　7—前梁　8—左梯形臂

前轮前束的调整也应在其检测条件下进行，要边调整边检查，直至符合要求。图9-6所示的典型前轮前束调整机构在进行调整时，先旋松两个锁紧螺母2和4，然后转动横拉杆3，改变件1、3、5的有效连接长度，通过左、右梯形臂8和6带动左、右前轮绕主销旋转，从而改变差值（A－B）。转动横拉杆3时，如果螺纹旋入，杆件的有效长度缩短，则前轮前束减小，反之则增大。调整完毕后，应将两个锁紧螺母2和4重新旋紧，将杆件相互锁止，以防松动。

六、拖拉机底盘各操纵件操纵灵活性及功能可靠性的检查

先不起动拖拉机，对各操纵件进行操作，检查是否操纵灵活，若不灵活，进一步检查是润滑、生锈、调整、磨损或外部操纵零件损坏，还是内部件问题；然后起动拖拉机，对各操纵件进行操作，检查其是否能可靠地完成规定功能，若不能，应进一步检查原因。

七、离合器自由间隙及踏板自由行程的检查与调整

1. 单作用和联动操纵双作用离合器操纵机构

单作用离合器和联动操纵双作用离合器只有一套操纵机构，使用离合器踏板进行操纵，它们的操纵机构基本一样，自由间隙及踏板自由行程的检查与调整也基本一样。

由于使用中的零件磨损，自由间隙会逐渐减小，甚至使分离杠杆头部接触分离轴承，并带动分离轴承旋转，造成分离轴承的过早毁坏。因此，自由间隙应经常进行检查和调整，同时，自由间隙的调整也就保证了离合器踏板自由行程的调整。

图9-7所示的离合器操纵机构在调整时，先松开锁紧螺母8，然后拆下开口销6和销轴5，转动连接叉7，改变拉杆9与连接叉7组合的有效工作长度，再通过分离叉10带动分离轴承轴向移动，从而改变自由间隙的大小。连接叉7旋入拉杆9，有效长度减小，自由间隙减小，反之则增大。调整完毕后，按反顺序将连接叉7、销轴5和开口销6、锁紧螺母8装配复位。

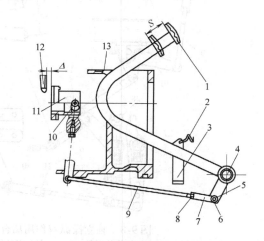

自由间隙可用塞尺测量，测量时，打开离合器壳体侧边的检查盖，将塞尺塞入分离杠杆12和分离轴承11之间。离合器踏板自由行程可用钢直尺沿图示S尺寸方向测量，测

图9-7 自由间隙和离合器踏板自由行程调整
1—离合器踏板 2—离合器踏板回位弹簧 3—踏板行程限位板
4—踏板固定旋转点 5—销轴 6—开口销 7—连接叉
8—锁紧螺母 9—拉杆 10—分离叉 11—分离轴承
12—分离杠杆 13—离合器壳体
Δ—自由间隙 S—离合器踏板自由行程

量时用手压离合器踏板1，当感觉到阻力突然增加时停止下压，然后读取数值。

注意:

在调整自由间隙和离合器踏板自由行程之前，必须先进行分离杠杆12和安装距调整，同时，若外部调整能保证自由间隙和离合器踏板自由行程，最好不要进行内部调整（通过调整分离杠杆12来实现）。

2. 独立操纵双作用离合器操纵机构

（1）主离合制动踏板自由行程的调整　如图9-8所示，主离合制动踏板自由行程可用钢直尺沿图示 F 尺寸方向测量。调整时，先旋松 A 组锁紧螺母6和8，然后转动调节套管7，改变件5、7、9的有效连接长度，使主离合踏板自由行程 F 为规定值（参考值为30～40mm），然后旋紧 A 组锁紧螺母6和8。

调整主离合限位螺钉3的伸长度，限定主离合踏板工作行程在规定范围内（参考值为180～190mm），使主离合器分离彻底，并能灵活换挡，然后将主离合限位螺钉3用螺母锁紧。

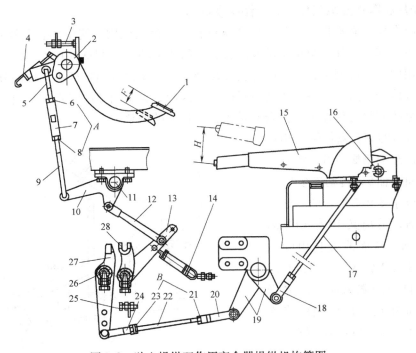

图9-8　独立操纵双作用离合器操纵机构简图

1—离合器踏板　2—离合器踏板轴　3—主离合限位螺钉　4、14—回位弹簧　5—上短拉杆
6、23—锁紧螺母　7—调节套管　8、21—左旋锁紧螺母　9—上长拉杆　10—过渡杠杆
11—过渡杠杆轴　12—下拉杆　13—主离合分离叉轴　15—副离合操纵杆　16—副离合操纵杆轴
17—副离合拉杆　18、24—连接叉　19—副离合摇臂　20—左旋连接叉　22—副离合调节拉杆
25—副离合限位螺钉　26—副离合分离叉轴　27—副分离叉　28—主分离叉
F—主离合制动踏板自由行程　H—副离合操纵手柄自由行程

（2）副离合操纵手柄自由行程调整　如图9-8所示，副离合操纵手柄自由行程可用钢直尺沿图示 H 尺寸方向测量。调整时，先旋松 B 组锁紧螺母23和21，然后转动副离合调节拉

杆 22，改变件 24、22、20 的有效连接长度，使副离合操纵手柄自由行程 H 为规定值（参考值为 40 ~ 45mm），然后旋紧 B 组锁紧螺母 23 和 21。

调整变速器右侧副离合限位螺钉 25 的长度，限定副离合操纵手柄工作行程在规定范围（参考值为 190 ~ 220mm）内，保证副离合器分离彻底，动力输出能灵活换挡，然后将副离合限位螺钉 25 用螺母锁紧。

八、制动踏板自由行程的检查与调整

当制动器摩擦片磨损后，会使制动器间隙增大，反映到制动踏板上就会造成制动踏板自由行程增大，产生制动不良现象，因此必须经常进行检查与调整。

如图 9-9 所示，制动踏板自由行程 L 可通过钢直尺沿图示尺寸方向测量。调整时，旋松锁紧螺母 8 和 10，然后转动调节拉杆 9，改变件 7、9、16 的有效连接长度，使制动踏板自由行程达到规定值。左、右制动踏板应分开进行调整，两者的自由行程必须保持基本一致。调整完毕后，将锁紧螺母 8 和 10 锁紧。若不能调整到规定值，可以松开锁紧螺母 11 和螺母 12，调整制动主拉杆 14 的有效长度。

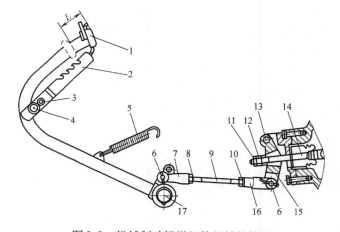

图 9-9 机械制动操纵机构的结构简图

1—制动踏板 2—驻车锁板 3—驻车锁板轴 4—驻车锁板弹簧 5—制动踏板回位弹簧
6、13—销轴 7—前连接叉 8—锁紧螺母 9—调节拉杆 10—左旋锁紧螺母 11—锁紧螺母
12—螺母 14—制动主拉杆 15—制动摇臂 16—后连接叉 17—制动踏板轴
L—制动踏板自由行程

注意以下几点：

1）拖拉机左、右制动踏板自由行程必须调整一致；否则，在紧急制动时，拖拉机会向一边急剧偏转而造成事故。

2）为了可靠，制动器操纵机构调整后要进行制动试验。连锁左、右制动踏板，将拖拉机开到干燥而平坦的路面上，在高速、直线行驶的情况下，分离离合器后进行紧急制动，然后停车检查驱动轮在路面上的滑移印痕。若左、右驱动轮在路面上的印痕一致（两边印痕应呈直线，互相平行、长度相等），说明调整合适，否则需要重新进行调整。若反复调整都不好，应检查制动器内部。

>>**练习与思考**

1. 拖拉机技术状态良好的标志包括哪些内容？

2. 拖拉机为何要进行试运转？

3. 请详细说明拖拉机规范保养对延长拖拉机的使用寿命，并保证其可靠工作的作用。

4. 如何对拖拉机液压系统实施保养？

项目10   拖拉机底盘故障诊断与排除

【项目描述】

按照拖拉机底盘各系统或部件间发生故障时的相关性，以真实案例为具体任务，针对故障现象进行系统分析，确定诊断步骤和方法，查出原因并提出解决办法。

【项目目标】

1）了解有关故障的基本概念。

2）了解故障诊断的原则和常用方法，了解排除故障的常用方法。

3）了解拖拉机底盘常见故障现象。

4）了解拖拉机底盘常见故障的诊断思路。

5）借助使用说明书，能够对拖拉机底盘简单故障进行诊断与排除。

任务1   离合器故障诊断与排除

▶▶ 任务要求

☞知识目标：

1）了解有关故障的基本概念。

2）了解故障诊断的原则和常用方法，了解排除故障的常用方法。

3）了解离合器的常见故障现象。

4）了解离合器常见故障的诊断思路。

☞能力目标：

借助使用说明书，能够对离合器的简单故障进行诊断与排除。

▶▶ 相关知识

一、故障诊断基本常识

1. 故障概念

（1）故障   故障是指产品在使用过程中，因某种原因丧失规定功能或危害安全的现象。其中，规定功能是指在设备的技术文件中明确规定的功能，如拖拉机不能制动是故障、拖拉机的输出动力不能达到规定要求值也是故障。

（2）故障现象　故障现象是指对产品所发生的、能被观察或测量到的故障表现形式的规范描述。对于故障现象的描述，由于受现场条件的限制，观察到或测量到的故障现象可能是系统的，如转向失灵；也可能是某一部件，如变速器有异常响声；也可能就是某一具体的零件，如动力输出轴断裂、油管破裂等。因此，针对产品结构的不同层次，其故障现象有互为因果的关系。

在分析产品故障时，一般从产品故障现象入手，通过故障现象找出原因和故障机理。对机械产品而言，故障现象的识别是进行故障分析的基础之一。因故障分析的目的是采取措施纠正故障，故在进行故障分析时，需要在调查、了解产品发生故障现场所记录的系统或分系统故障现象的基础上，通过分析、试验逐步追查到组件、部件或零件级的故障现象，并找出故障产生的机理。

（3）故障诊断　故障诊断指对设备运行状态和异常情况作出判断。就是说，在设备没有发生故障之前，要对设备的运行状态进行预测和预报；在设备发生故障后，对故障的原因、部位、类型和程度等作出判断，并进行维修决策。故障诊断的任务包括故障检测、故障识别、故障分离与估计及故障评价与决策。

（4）故障检测　故障检测是指针对故障现象，在分析的基础上，利用各种检查和测试方法对故障有可能的原因进行逐一排查和确定的过程。

2. 故障现象解析

故障发生一般都具有一定的可听、可见、可嗅、可触摸和可测量的性质，且伴有相应的不正常现象。

（1）作用不正常　作用不正常是指工作部件不能按技术要求完成相应的功能，如转向不灵、制动不灵、液压悬挂不能提升等。

（2）声音不正常　声音不正常是指工作部件发出非正常工作声音，如离合器发出尖锐的金属摩擦声、换挡时变速器内部发出"嘎吱、嘎吱"的金属撞击声。

（3）体感不正常　体感不正常是指用身体触觉感受到的振动、温度、连接松紧、操纵力度及行程等变化，如转向盘操纵力太大、前轮有明显的晃动感。

（4）外观不正常　外观不正常是指零部件表面出现非原有特征、工作部件出现不应有的运动或机器产生非正常工作产物，如机件表面有油渍和裂纹、离合器壳体内部有烟雾冒出。

（5）气味不正常　气味不正常是指机器工作中产生不应有的气味或液态消耗品发出非正常气味，如从离合器壳体内发出焦煳味、液压提升油有金属切削味。

（6）消耗不正常　消耗不正常是指机器工作所需要的油、液、脂等易耗品超出正常消耗水平，如转向液压油消耗过快、前轮轮毂轴承润滑脂消耗过快。

⚠ 注意：

　　各不正常现象是互相联系的，作为某种故障现象，有些会同时出现。

3. 故障诊断原则

（1）识别现象　识别拖拉机故障现象的手段主要是靠个人的五官进行感受；在识别故障现象时，一要真切，二要全面；识别故障现象时必须熟知机器正常工作的各种征象，注意诊断时间、工作条件和工作环境的影响。

（2）分析原因　分析原因的方法：一是抓住故障本质，结合机器构造原理进行分析；二是结合实际情况，具体分析，选出当前最大可能存在的故障因素，优先进行检查；三是在分析故障原因时，应当考虑到不同故障因素的产生特点和出现概率。属于安装调整不当或操作失误的故障因素，大都是在保养维修之后出现；而属于技术状态恶化的故障因素，则大都是在长期使用之后出现。四是进行多方面、多层次分析，本着由整体至局部、由系统到分支的逐层分析结构原则，进行故障分析。

（3）检查判断　对分析出来的故障原因逐一进行检查和判断，从而查明故障现象的真实成因。为了提高检诊效率，减少误差，应当遵循以下基本原则：一是按故障因素出现的可能性大小排序，依次对各故障原因进行检查；二是按系统分段，由表及里，逐一筛选；三是尽量不拆卸或少拆卸机器的零部件；四是尽量利用感官或简易器具进行检查，检查中，对每次检查的结果及时进行推理和判断，决定取舍，按"筛选法"原理，将故障现象的真实成因查找出来。

（4）对症排除　对症排除的方法：一是临时排除法，主要是由于当时缺乏彻底排除故障的条件；二是彻底排除法，通过技术维修措施，完全恢复零部件的正常技术状态。

有不少故障在因果联系上具有多层性，分析检查时应层层深入，找出最本质的故障原因，予以彻底排除，不要只停留在表面现象上。例如：变速器第一轴漏油，经检查发现第一轴油封损坏，若是简单地更换第一轴油封，则有可能只是暂时解决问题，过一段时间第一轴还会漏油，因为真正的原因是第一轴装油封处的轴颈有损伤。

4．常用诊断方法

（1）问诊法　问诊法是指向驾驶人、修理人员询问拖拉机产生故障前、后的现象和情况，或查阅随车记录及保养、修理档案的记载等，作为判断和分析故障的参考依据。该方法能起到对具体诊断的引导作用。

（2）感官法　感官法是指维修人员凭个人的感官（听觉、嗅觉、视觉及触觉）感觉和经验来判断故障。该方法简便易行，不能定量检验，是明确故障特征的有效手段。

（3）经验法　经验法是指驾驶人和维修人员凭个人的基本素质和丰富经验，对同一故障现象进行类比总结，直观地对故障作出诊断。该方法可起到事半功倍的作用，有时易误诊，最好结合科学的方法进行分析。

（4）测量法　测量法是指利用量具或测量仪器、设备对机器性能或零部件的技术状态进行科学的检测。该方法对特定目标的检测科学、精确，但需要掌握专业知识。

（5）隔断法　隔断法是指用断续地停止或隔断某部分、某系统的工作，以观察故障现象的变化，使故障现象表露得更加明显，以便于判断产生故障的准确部位或零部件。该方法可有效判断故障部位，但不能最终确诊。

（6）换件法　换件法是指采用新件替换或与相同件调换比较的方法来判断该件是否发生故障。该方法简单实用，但只能解决问题，不能查找出真实原因，有时所换件只是故障原因的损坏表现形式，不是故障根本成因，会造成误诊，过一段时间，同样现象会再次发生。

（7）验证法　验证法是指采用试探性的调整和试探性的排除等措施来观察现象的变化，以验证故障分析的结论是否合乎实际。该方法只是假设分析，科学性不强，一般只能减缓故障。

故障的诊断方法不能孤立使用，应具体问题具体对待，灵活搭配使用。要联系机器的构造原理，搞清故障的现象，按照"由表及里，从简到繁，先整体、后系统，先局部、后零件"的原则，尽量少拆，不要盲目地乱拆乱卸和粗暴地拆装。

5. 故障排除方法

故障排除方法有调整法、添加法、换件法、同种零件互换法、修复法和紧固法。

（1）调整法　调整法用于使用中的正常几何参数变化（如踏板自由行程、轴承间隙、前轮前束）或性能参数变化（如油压、流量）。

（2）添加法　添加法用于使用中的正常油液消耗（如转向液、润滑油）。

（3）换件法　换件法的使用范围：用于不可修复的零部件（如断齿、轴承的过度磨损和断裂、摩擦件的过度磨损）；用于短时间内不可修复的零部件（如变速器内部件损坏较多）；用于拆装中的一次性零件（如纸垫、油封）；用于偶件装配，因偶件之一损坏而不得不更换相匹配的其他零件（如弧齿锥齿轮、剖分式差速器壳体）；用于成对或成组零件装配，因零件之一损坏更换，而相匹配的零件的使用性能也已降低约30%，如果不同步进行更换，则将影响最终的匹配使用效果（如一对齿轮副、成对安装的轴承）。

（4）同种零件互换法　同种零件互换法用于同种零件的不同位置磨损或轻度损伤，而通过互换可改变原有的安装位置，仍可满足一定使用要求的情况（如左、右轮胎的外侧轻度磨损）。

（5）修复法　修复法用于可修复的损伤或损坏零件（如外部操纵连接杆件的弯曲和断裂）。

（6）紧固法　紧固法用于连接零件的螺纹紧固件的松动。

关于换件法和修复法，不仅要看哪种修理成本便宜，还要看在农忙工作时哪种修理方法更容易获得较高的生产价值。

二、离合器的常见故障

1. 离合器分离不彻底

离合器分离不彻底的直接感觉和现象：将离合器踏板踩到底时，若变速器在挡，拖拉机负荷不大，拖拉机有向前移动的现象；各挡位都难于挂挡，挂挡时有碰齿声。离合器分离不清的常见原因、检查步骤及排除方法如下：

（1）离合踏板自由行程（或自由间隙）过大　按规定的要求和方法调整离合器踏板自由行程（或自由间隙）。

（2）分离杠杆工作端不在同一平面内　按规定的要求和方法调整分离杠杆。

（3）从动盘翘曲过大　更换从动盘。

（4）压盘翘曲　更换压盘。

2. 离合器打滑

离合器打滑的直接感觉和现象：拖拉机正常行驶作业情况下（发动机工作正常，不踩离合器踏板，挡位不变），当加大加速踏板力时，拖拉机速度无法提升到与发动机转速相匹配。离合器打滑的常见原因、检查步骤及排除方法如下：

（1）离合器踏板自由行程（或自由间隙）过小　调整离合器踏板自由行程（或自由间隙）。

（2）摩擦片粘有油污　若不严重，则进行清洗；若已造成摩擦片损伤，则予以更换，同时应查明油污来源。

（3）从动盘过度磨损或翘曲　更换从动盘，同时查找磨损原因，检查是否有自由间隙太小或压力不均等其他问题。

（4）压盘过度磨损或翘曲　更换压盘。

（5）弹簧折断或弹力减弱　更换弹簧。

3. 离合器异响

离合器异响的直接感觉和现象：离合器壳体内部传出金属间相互摩擦声或零件搅动撞击声。离合器异响的常见原因、检查步骤及排除方法如下：

（1）分离轴承缺油或损坏　给分离轴承重新注油或更换轴承。

（2）从动盘铆钉断裂　更换从动盘。

（3）离合器内部小零件断裂　更换离合器内部小零件（断裂的）。

（4）前轴承（装于飞轮内的轴承）损坏　更换前轴承。

（5）从动盘花键孔或从动轴花键磨损严重　更换磨损零件。

》》任务实施

离合器故障案例（由教师根据真实案例在教学用拖拉机上进行设置）：一辆拖拉机换挡（所有挡位）较为困难，怀疑是离合器问题，请进行分析、检查和排除，要求记录操作过程及相关数据。

》》练习与思考

1. 何为故障？它有哪些特点？
2. 如何理解人们常说的故障现象？
3. 在进行故障诊断时，为什么要问清楚故障产生时的工作状况？
4. 如果离合器摩擦片烧蚀，如何进行故障诊断和排除？
5. 请上网查找一个离合器故障实例。

任务 2　变速器和驱动桥故障诊断与排除

》》任务要求

☞知识目标：

1）了解变速器和驱动桥的常见故障现象。

2）了解变速器和驱动桥常见故障的诊断思路。

☞能力目标：

借助使用说明书，能够对变速器和驱动桥的简单故障进行诊断与排除。

>> **相关知识**

一、变速器的常见故障

1. 自动脱挡

自动脱挡的直接感觉和现象：拖拉机在某个挡位或某两个挡位（同一个拨叉控制的挡位）工作时，不操纵变速杆，会自动脱挡，回到空挡而停驶。自动脱挡的常见原因、检查步骤及排除方法如下：

1）若只是一个挡位脱挡，则一是该挡位的拨叉轴定位槽磨损，二是该挡位齿轮或啮合套的换挡端啮合齿磨损。均应更换损坏的零件。

2）若是两个挡位脱挡，应是拨叉轴锁定弹簧力减弱或折断。应更换锁定弹簧。

2. 换挡困难

换挡困难的检查步骤及排除方法如下：

1）若换挡过程中感觉操纵力正常，而所有挡位换挡均困难，同时伴有金属件撞击声，应是离合器分离不彻底。应按离合器分离不彻底进行检查。

2）若换挡过程中感觉操纵力正常，只是某个挡位换挡困难，应是该挡位齿轮或啮合套换挡端啮合齿有损伤。若是毛刺，可打磨，其他情况均应更换损坏的零件。

3）若换挡过程中感觉操纵力增大，有明显的运动摩擦阻力感，则一是换挡件的滑动花键间有杂物，应清洁去除；二是所换挡的拨叉轴弯曲变形，如果不好校正，则予以更换。

3. 异响

异响的直接感觉和现象：拖拉机在工作时，从变速器壳体内发出不正常的响声，声响不同，原因一般也不同。异响的常见原因、检查步骤及排除方法如下：

1）若发出周期性的"咯噔"声，尤其是低速时较为明显，则一般是轮齿间夹杂有异物或某一轮齿损坏。应打开变速器盖，检查清除或更换损坏轮齿的齿轮。

2）若发出的声音为干摩擦声，则一般是润滑油量不足或质量不符合要求。应加足或更换润滑油。

3）若声音较为连续，有撞击感，则一般是齿轮齿面磨损过大或齿面剥落；若挂上某一挡后声音尤为明显，则应该是该挡齿轮有问题。均应检查和更换损坏的齿轮。

4）若变速器内异响混杂，只在轴承部位有区别于别处的声响，则一般是轴承磨损严重或损坏。应更换轴承，同时检查是否也造成了别的零件损伤。

二、驱动桥的常见故障

1. 中央传动噪声大

中央传动噪声大的直接感觉和现象：拖拉机在工作时，从中央传动部位发出不正常的齿轮传动声。中央传动噪声大的常见原因、检查步骤及排除方法如下：

（1）主、从动锥齿轮磨损严重、齿面剥落或断齿　应成对更换。

（2）主、从动锥齿轮啮合不正常　重新调整啮合印痕和齿侧间隙。

（3）主、从动锥齿轮支承轴承有游隙、磨损较大或损伤　应调整间隙或更换轴承。

（4）行星轮或垫片磨损　更换行星轮或垫片。

（5）半轴齿轮或垫片磨损　更换半轴齿轮或垫片。

2．最终传动异响

最终传动异响的直接感觉和现象：拖拉机在工作时，从最终传动部位发出非正常的齿轮工作声音。最终传动异响的常见原因、检查步骤及排除方法如下：

（1）支承轴承磨损或损坏　调整（针对可调轴承，若磨损大，也应进行更换）或更换磨损或损坏的支承轴承。

（2）齿轮啮合不正常　调整。

（3）齿轮损伤　更换。

3．动力输出轴装置异响

动力输出轴装置异响的直接感觉和现象：拖拉机在工作时，从动力输出轴装置部位发出非正常的齿轮工作声音。其常见原因、检查步骤及排除方法如下：

1）支承轴承磨损或损坏　更换磨损或损坏的支承轴承。

2）齿轮损伤　更换损伤的齿轮。

》》任务实施

变速器故障案例（由教师根据真实案例在教学用拖拉机上进行设置）：一辆拖拉机在行驶过程中某两个挡位经常脱挡。请进行分析、检查与排除，要求记录操作过程及相关数据。

》》练习与思考

1．变速器乱挡是指换挡时，变速器无法按驾驶人意愿挂上所需的挡位，甚至不能再换挡，请分析可能的操纵手感和原因。

2．如果变速器从第一轴及其轴承座导管中间漏油，如何进行故障诊断和排除？

3．如果行星齿轮机构式前最终传动壳体温度过高，如何进行故障诊断和排除？

4．请上网查找一个变速器故障实例和一个后驱动桥故障实例。

任务 3　行驶和制动系统故障诊断与排除

》》任务要求

☞知识目标：

1）了解行驶和制动系统的常见故障现象。

2）了解行驶和制动系统常见故障的诊断思路。

☞能力目标：

借助使用说明书，能够对行驶和制动系统的简单故障进行诊断与排除。

>> **相关知识**

一、行驶系统的常见故障

1. 前轮摆振

前轮摆振的直接感觉和现象：拖拉机在工作时，明显地看到前轮在行驶中左、右晃动，同时感觉转向盘不易操控。前轮摆振的常见原因、检查步骤及排除方法如下：

（1）前轮毂轴承间隙过大或损坏　调整轴承预紧度或更换轴承。

（2）转向球接头严重磨损　更换转向球接头。

（3）前轮轮辋严重变形　校正前轮轮辋。

（4）转向节立轴衬套严重磨损　更换转向轴立轴衬套。

（5）前轮前束不正确　调整前轮前束。

2. 前轮轮胎急速磨损

前轮轮胎急速磨损的直接感觉和现象：拖拉机按规定要求作业，而前轮轮胎超常规磨损，磨损速度太快。前轮轮胎急速磨损的常见原因、检查步骤及排除方法如下：

（1）轮胎气压过低　充气到正常值。

（2）前轮轮辋或辐板严重变形　校正轮辋或辐板，若不好校正，应予以更换。

（3）转向节立轴衬套严重磨损　更换转向节立轴衬套。

（4）前轮前束不正确　调整前轮前束。

二、制动系统的常见故障

1. 制动不灵或失灵

制动不灵或失灵的直接感觉和现象：拖拉机在正常行驶中，将制动踏板踩到底时制动效果不佳，制动距离较正常时大许多，甚至不能制动。制动不灵或失灵的常见原因、检查步骤及排除方法如下：

（1）制动器踏板自由行程（制动器间隙）过大　调整制动器踏板自由行程（制动器间隙）至规定值。

（2）摩擦盘磨损严重或翘曲　更换摩擦盘。

（3）制动压盘磨损严重或翘曲　更换制动压盘。

2. 制动跑偏

制动跑偏的直接感觉和现象：拖拉机在正常行驶中，将制动踏板踩下或踩到底，转向盘不转动，此时拖拉机却自动偏离原方向行驶。制动跑偏的常见原因、检查步骤及排除方法如下：

（1）左、右制动踏板自由行程不一致　将左、右制动踏板自由行程调整至一致。

（2）一侧摩擦盘磨损严重或翘曲（若右偏，则为左侧）　更换磨损严重或翘曲的摩擦盘。

（3）一侧制动压盘磨损严重或翘曲（若右偏，则为左侧）　更换磨损严重或翘曲的制动压盘。

（4）左、右前轮轮胎气压悬殊较大　按规定气压对左、右前轮轮胎进行充气。

▷▷ 任务实施

1）前轮摆振故障案例（由教师根据真实案例在教学用拖拉机上进行设置）：一辆拖拉机在行驶过程中发生前轮摆振现象。对该故障进行分析、检查与排除，要求记录操作过程及相关数据。

2）制动跑偏故障案例（由教师根据真实案例在教学用拖拉机上进行设置）：一辆拖拉机在行驶过程中发生制动跑偏现象。对该故障进行分析、检查与排除，要求记录操作过程及相关数据。

▷▷ 练习与思考

1．前轮轮胎急速磨损的原因除了教材中所列，还有哪些可能原因？

2．如果你是教师，你会如何在一辆技术状态良好的拖拉机上设置前轮摆振故障，且在短暂的检查试机期间对拖拉机造成的损伤甚微？

3．若制动操纵力过大，有卡滞感，是什么原因？

4．请上网查找一个拖拉机行驶系统故障实例和一个制动系统故障实例。

任务4　液压转向系统故障诊断与排除

▷▷ 任务要求

☞知识目标：

1）了解液压转向系统的常见故障现象。

2）了解液压转向系统常见故障的诊断思路。

☞能力目标：

借助使用说明书，能够对液压转向系统的简单故障进行诊断与排除。

▷▷ 相关知识

1. 转向沉重

转向沉重的直接感觉和现象：拖拉机在正常行驶中，转动转向盘的操纵力较正常值大很多。转向沉重的常见原因、检查步骤及排除方法如下：

（1）接头处或管路漏油　拧紧接头（若接头损坏，应加密封材料或进行更换）或更换损坏的管件。

（2）前轮轮胎气压较低　将前轮轮胎充气到规定值。

（3）油箱油位不足　将油箱加油至规定油面高度。

（4）油箱滤网堵塞　清洁油箱滤网。

（5）转向球接头锈蚀卡滞　润滑转向球接头使之灵活，若有损伤情况，应进行更换。

（6）液压系统中有空气　排除系统中空气，并检查吸油管路是否进气。

（7）管路堵塞　旋松接头看出油量排查，进行清堵。

（8）液压泵供油不足　用油压表在出口处进行检查和判断，拆检并清洗液压泵，根据检查结果进行处理。

（9）液压转向器故障　用油压表在出口处进行检查和判断，拆检并清洗液压转向器，根据检查结果进行处理。

（10）转向油缸故障　进一步拆检转向油缸，根据检查结果进行处理。

2. 转向不灵敏

转向不灵敏的直接感觉和现象：拖拉机在正常行驶中，转动转向盘但转弯半径却大于正常值较多，若正常操作，则不能按既定路径行驶。转向不灵的常见原因、检查步骤及排除方法如下：

（1）转向球接头磨损严重　更换转向球接头。

（2）液压系统原因与转向沉重故障相近　按转向沉重故障中的液压系统检查进行操作。

任务实施

液压转向故障案例（由教师根据真实案例在教学用拖拉机上进行设置）：一辆拖拉机在行驶过程中转向不灵敏。对该故障进行分析、检查与排除，要求记录操作过程及相关数据。

练习与思考

1. 发动机停机后，无法人力转向，分析可能的原因。
2. 左、右最大转向角不一致，相差明显，分析可能的原因。
3. 如果转向盘向左打车轮却右转，是什么原因？
4. 请上网查找两个液压转向系统故障实例。

任务5　液压悬挂系统故障诊断与排除

任务要求

☞知识目标：

1）了解液压悬挂系统的常见故障现象。

2）了解液压悬挂系统常见故障的诊断思路。

☞能力目标：

借助使用说明书，能够对液压悬挂系统的简单故障进行诊断与排除。

相关知识

1. 轻、重负荷均不能提升

轻、重负荷均不能提升的直接感觉和现象：操纵分配器操纵手柄向提升方向，但配套农机具不管轻重都无法升起。轻、重负荷均不能提升的常见原因、检查步骤及排除方法如下：

（1）农机具下降速度调节阀完全关闭　打开农机具下降速度调节阀。

（2）油箱油位不足　将油箱加油至规定油面高度。

（3）油路中混有较多空气（拧松管路接头，有气泡冒出）　排放油路中的空气。

（4）滤清器堵塞　清洗滤清器，若损伤，应予以更换。

（5）液压泵故障　用油压表在出口处检查判断，拆检并清洗液压泵，根据检查结果进行处理。

（6）分配器故障　拆检分配器，根据检查结果进行处理。

（7）油缸出现问题　拆检油缸，根据检查结果进行处理。

2. 轻负荷提升，重负荷下不能提升或提升缓慢

轻负荷提升，重负荷下不能提升或提升缓慢的直接感觉和现象：操纵分配器操纵手柄向提升方向时，配套农机具若负荷较轻，则可以上升，若负荷太重，则无法上升。轻负荷提升，重负荷下不能提升或提升缓慢的常见原因、检查步骤及排除方法如下：

（1）油路中混有少量空气（拧松管路接头，有气泡冒出）　排放油路中的空气。

（2）系统安全阀调定压力过低　调整系统安全阀，若弹簧弹力减弱，则更换弹簧；若是其他情况，则更换系统安全阀。

（3）油缸安全阀调定压力过低　调整油缸安全阀，若弹簧弹力减弱，则更换弹簧；若是其他情况，则更换油缸安全阀。

（4）液压泵严重磨损　更换液压泵。

（5）油缸密封圈漏油　更换油缸密封圈。

3. 配套农机具自动降落

配套农机具自动降落的直接感觉和现象：不操纵分配器操纵手柄，配套农机具却在自重下自动降落。配套农机具自动降落的常见原因、检查步骤及排除方法如下：

（1）安全阀损坏　若弹簧弹力减弱，则更换弹簧；若是其他情况，则更换安全阀。

（2）下降速度调节阀损坏　更换下降速度调节阀。

（3）主控制阀或回油阀损坏　若有异物卡住，则清洁或清洗主控制阀和回油阀；若损坏，则更换新的主控制阀和回油阀。

（4）油缸磨损或损坏　更换油缸。

》》 任务实施

液压悬挂系统故障案例（由教师根据真实案例在教学用拖拉机上进行设置）：一辆拖拉机（力位独立调节液压系统）在工作过程中，农机具无法提升。对该故障进行分析、检查与排除，要求记录操作过程及相关数据。

》》 练习与思考

1. 如何简单地判断是分配器出现故障还是油缸出现故障？

2. 分析配套农机具无法提升到最高点的可能原因（力位独立调节液压系统）。

3. 分析农机具无法下降的可能原因（力位综合调节液压系统）。

4. 上网查找两个液压悬挂系统故障实例。

参 考 文 献

［1］李广哲，许绮川. 汽车拖拉机学：底盘构造与车辆理论 ［M］. 北京：中国农业出版社，2006.

［2］李晓庆. 拖拉机构造 ［M］. 北京：机械工业出版社，2001.

［3］杜长征. 拖拉机构造与维修 ［M］. 北京：中国农业出版社，2011.

［4］董正身. 汽车检测与维修 ［M］. 北京：机械工业出版社，2004.

［5］王渝鹏. 拖拉机技术维修体系 ［J］. 农业机械学报，2000，31（4）：122-124.

［6］惠东杰. 新型拖拉机故障实例解析 ［M］. 北京：机械工业出版社，2013.

［7］谭影航. 拖拉机故障排除技巧 ［M］. 北京：机械工业出版社，2008.

［8］臧民. 农用拖拉机常见故障检查及排除方法 ［J］. 农机使用与维修，2012（5）：59-60.